Heinrich Hübscher, Jürgen Klaue

Elektrotechnik

Grundbildung
Schaltungstechnik

Arbeitsblätter

5. Auflage

Bestellnummer 221044

westermann

Druck: westermann druck GmbH, Braunschweig

service@westermann-berufsbildung.de
www.westermann-berufsbildung.de

Bildungshaus Schulbuchverlage Westermann Schroedel Diesterweg Schöningh Winklers GmbH, Postfach 33 20, 38023 Braunschweig

ISBN 978-3-14-**221044**-5

westermann GRUPPE

Inhaltsverzeichnis

Ein Arbeitszimmer soll nach dem abgebildeten (unvollständigen) Übersichtsschaltplan installiert werden.

a) Zeichnen Sie den zugehörigen Stromlaufplan in zusammenhängender Darstellung.

b) Analysieren Sie die Anlage, indem Sie folgende Fragen zur Funktion der Schaltung beantworten. Begründen Sie Ihre Antworten.

1. Welche Betriebsmittel sollen verwendet werden?
2. Welche Leitungsart ist vorgesehen?
3. Welche Verlegungsart soll benutzt werden?
4. Sind Q1 und X4 unter eine gemeinsame Abdeckplatte zu installieren?
5. Wieviele Leiter (Adern) sind zwischen X1 und X2 nötig?
6. Welche Bedeutung hat der Pfeil hinter X3?

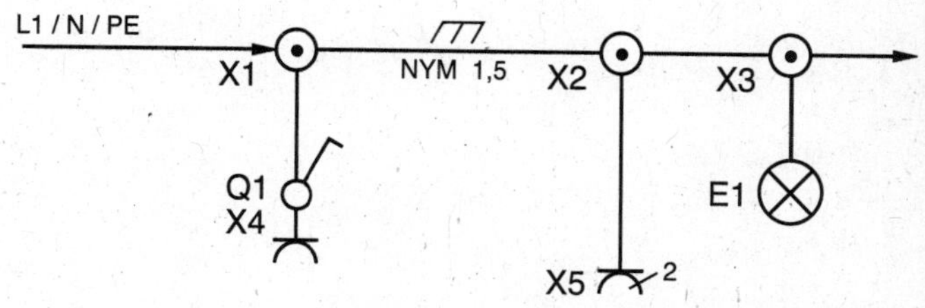

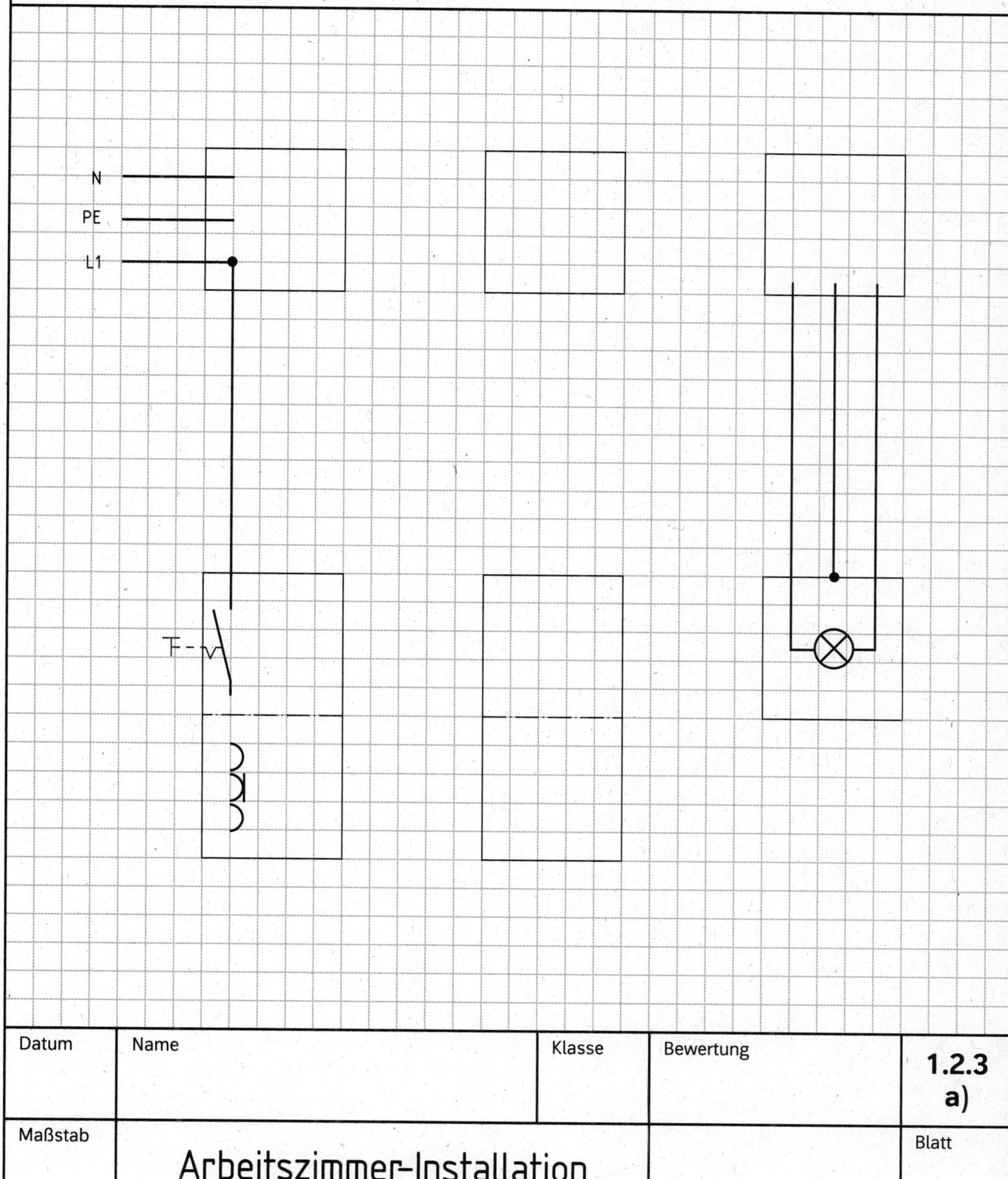

Datum	Name	Klasse	Bewertung	1.2.3 a)
Maßstab	Arbeitszimmer-Installation			Blatt

a) Zeichnen Sie zum abgebildeten Übersichtsschaltplan den Stromlaufplan in zusammenhängender Darstellung.
b) Geben Sie die Aderzahlen der Leitungen zwischen den Abzweigdosen an.
c) Nehmen Sie an, der Schalter Q1 wird durch einen Dimmer ersetzt. Geben Sie für diesen Fall an,
  - zwischen welchen Betriebsmitteln Leiter eingespart werden können und
  - ob diese Ersparnis den höheren Anschaffungspreis des Dimmers ausgleichen würde.

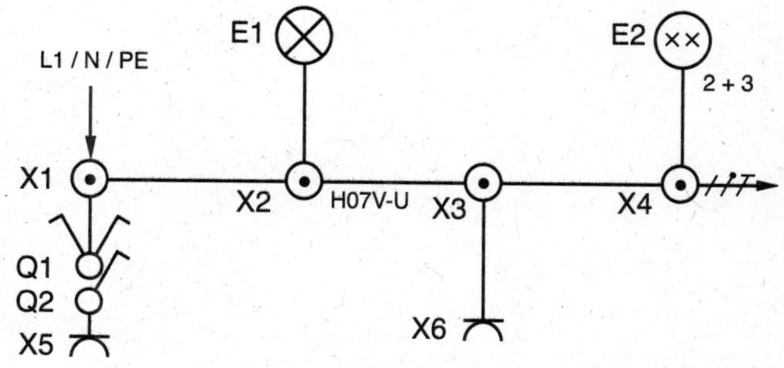

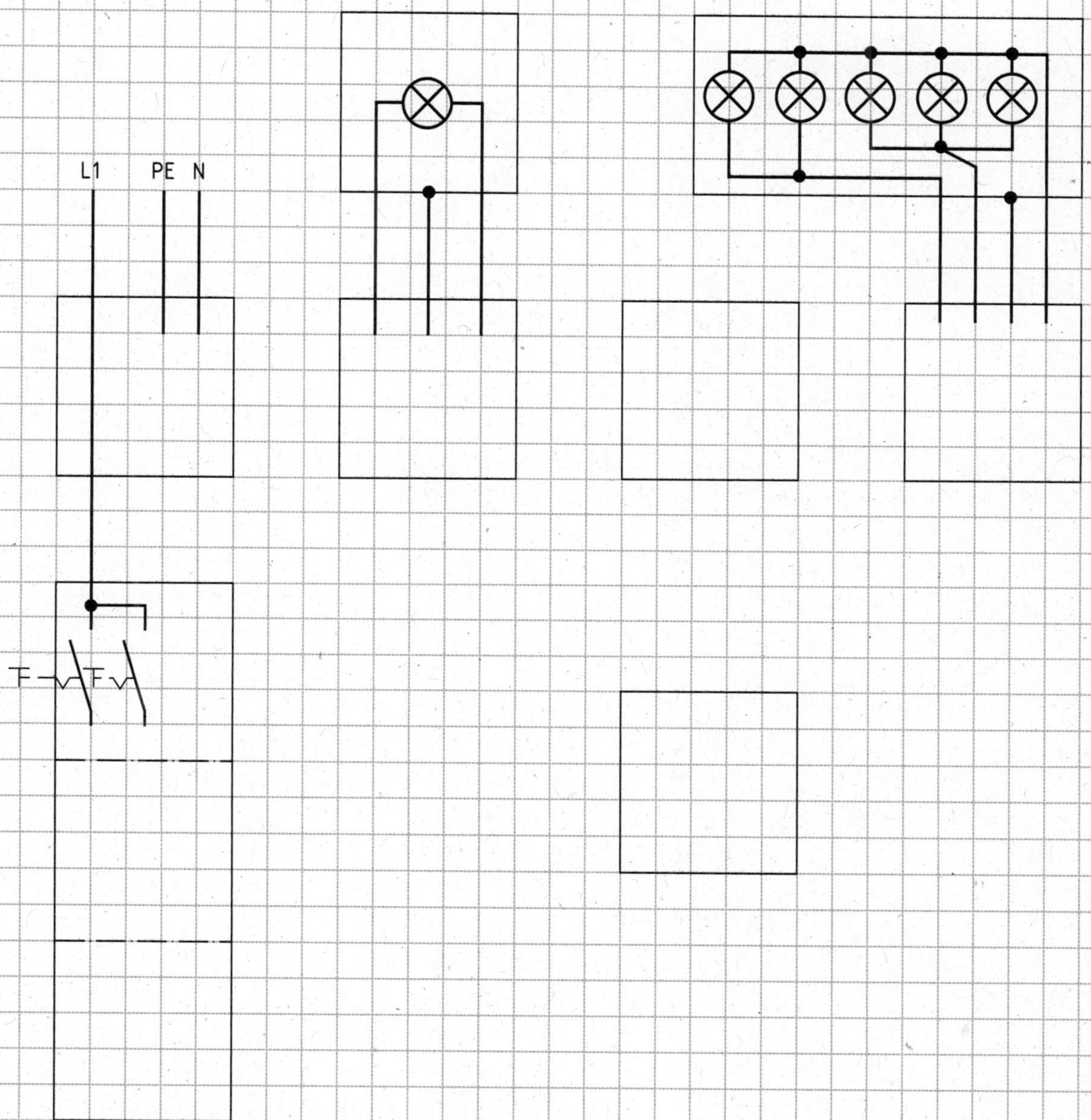

Datum	Name	Klasse	Bewertung	1.2.6
Maßstab	Serienschaltung			Blatt

a) Zeichnen Sie den Übersichtsschaltplan.

b) Die Schaltung soll so geändert werden, dass die Leuchten E1 und E4 bzw. E2 und E3 gemeinsam geschaltet werden können.
Zeichnen Sie zur geänderten Schaltung den Stromlaufplan in zusammenhängender Darstellung.

c) Geben Sie an, zwischen welchen Betriebsmitteln neue Leiter benötigt werden.

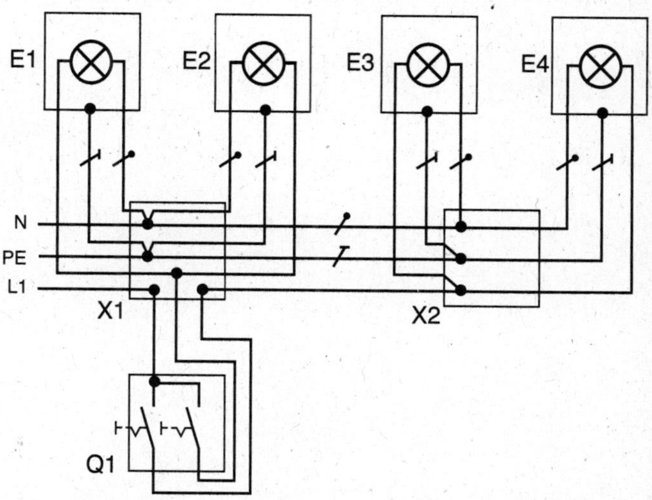

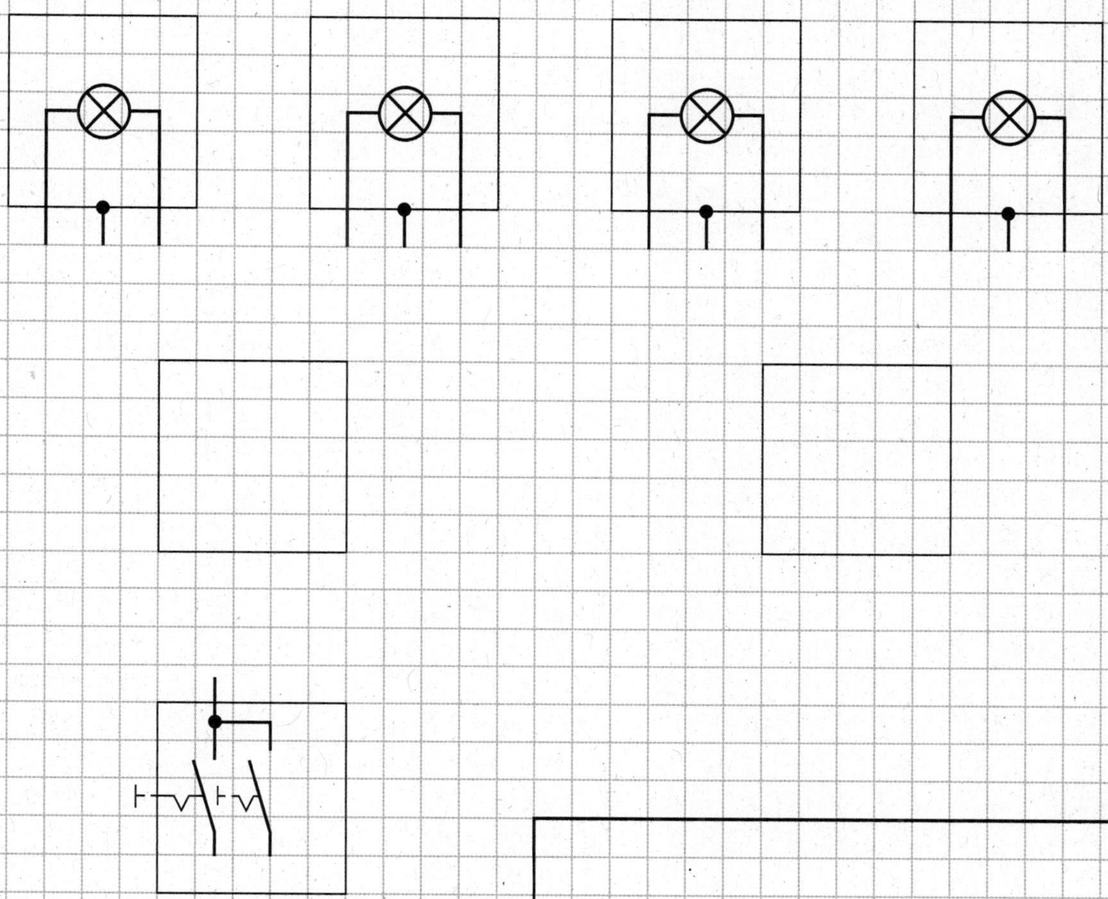

b) Stromlaufplan

a) Übersichtsschaltplan

Datum	Name	Klasse	Bewertung	1.2.7
Maßstab	Schaltungs-Änderung			Blatt

a) Zeichnen Sie den Übersichtsschaltplan.
   Hinweis:
   Schaltzeichen siehe Seite 77 und 78 im Informationsbuch.

b) Stellen Sie eine Stückliste für das benötigte Installationsmaterial auf. (Schellenabstand: etwa 30 cm)
   Hinweise:
   - Die Steckdosen werden in der gleichen Höhe wie die Schalter angebracht (1,05 m über Fußboden).
   - Sonstige Hinweise siehe Aufgabe 1.2.2 im Informationsbuch.

c) Zeichnen Sie den Stromlaufplan in zusammenhängender Darstellung.

Leitungen:
NYM 1,5 auf Abstandsschellen

Raumhöhe:
2,50 m

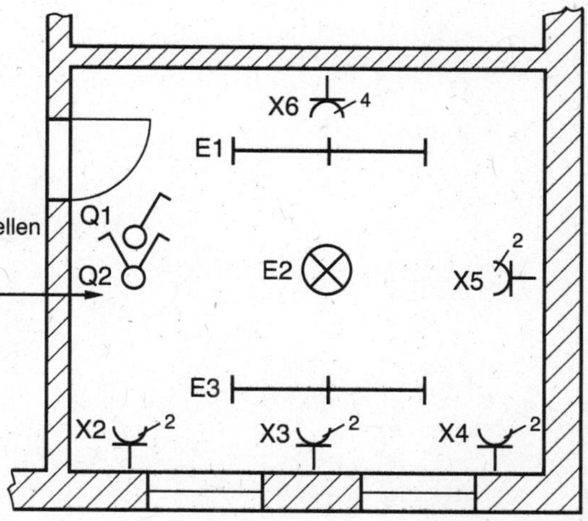

M 1 : 100

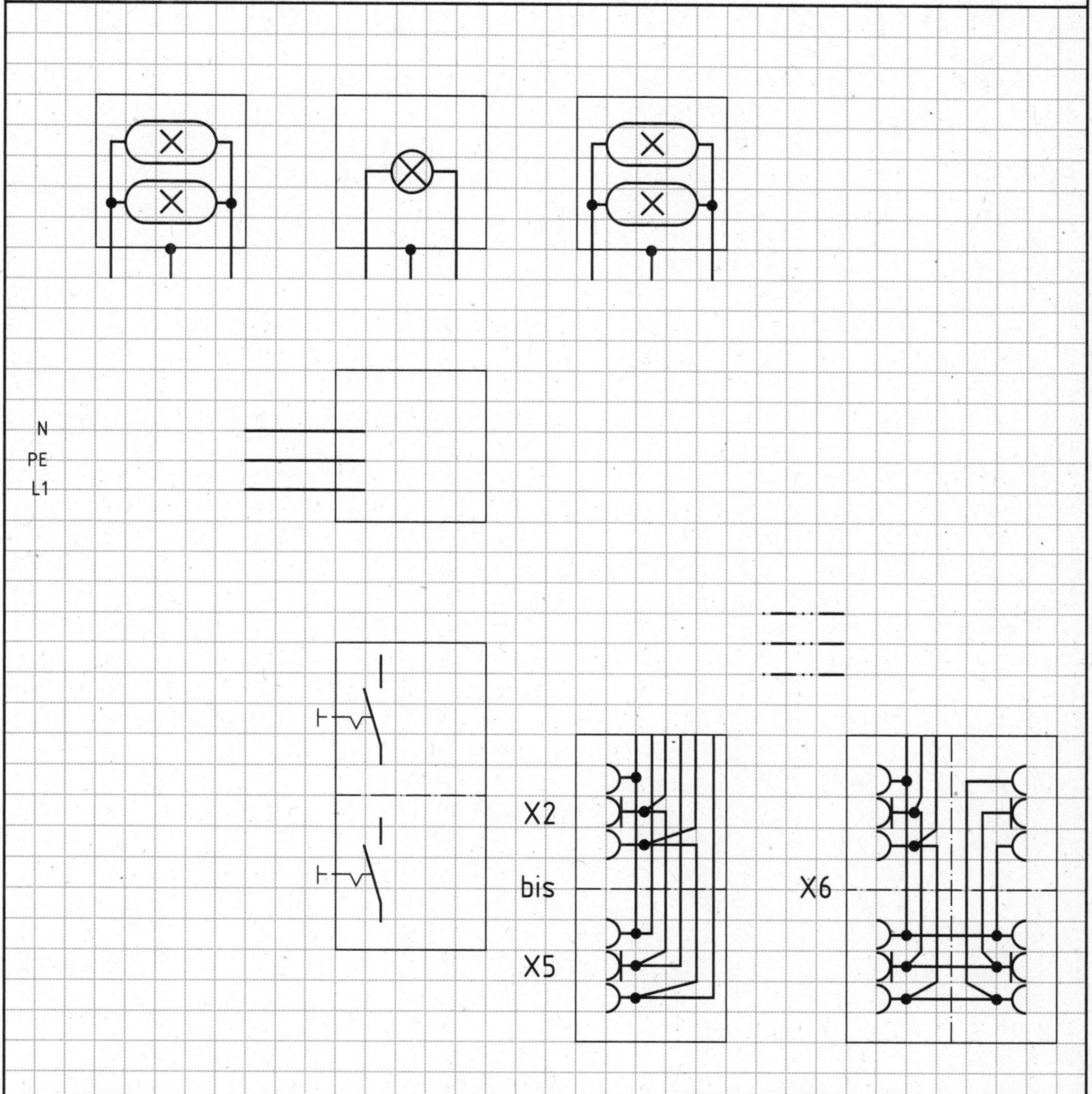

Datum	Name	Klasse	Bewertung	1.2.8 c)
Maßstab	Hobbyraum			Blatt

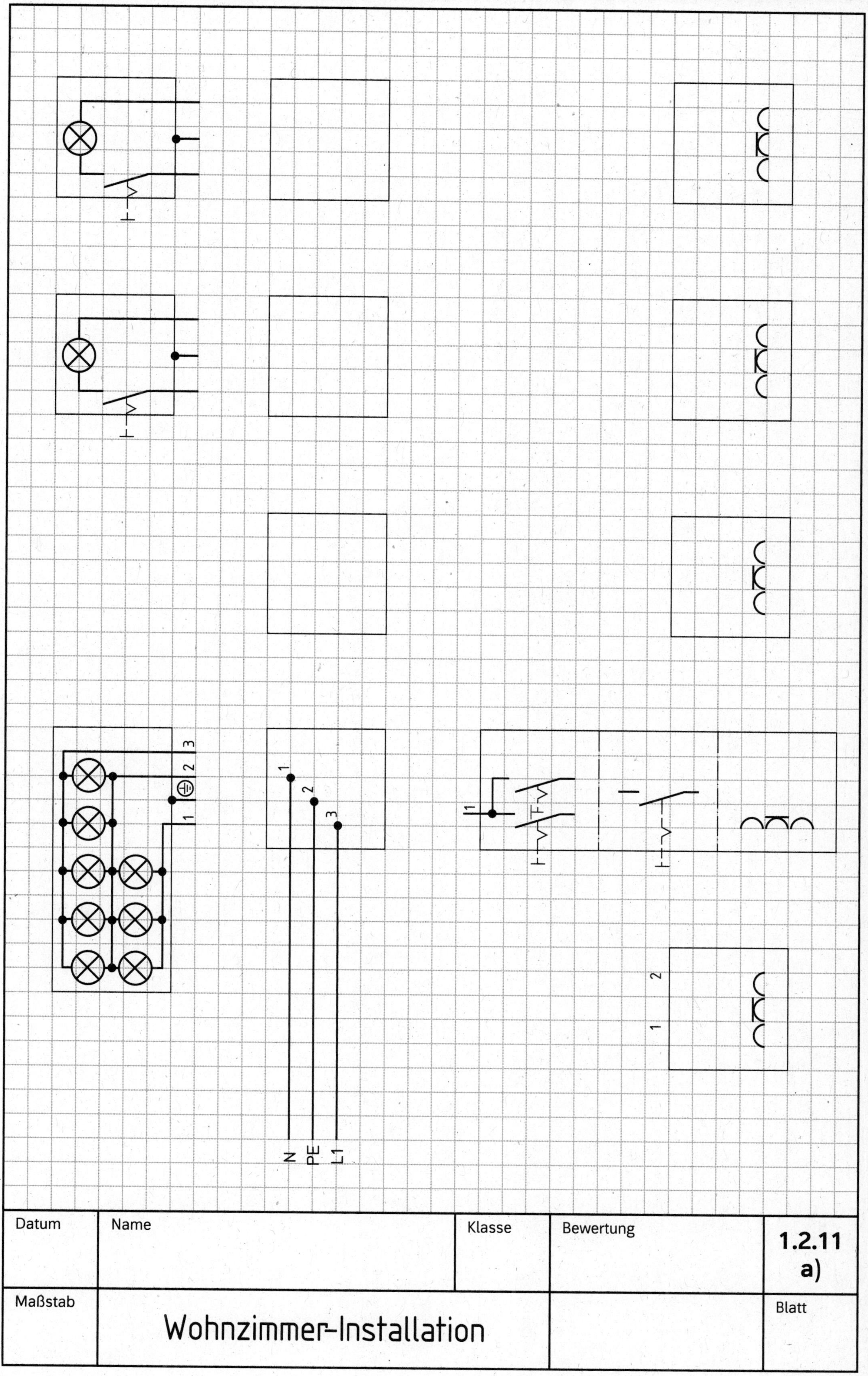

Datum	Name	Klasse	Bewertung	1.2.11 a)
Maßstab	Wohnzimmer-Installation			Blatt

Die Installation wird mit NYM-Leitungen durchgeführt. Der Schalter Q2 schaltet die Steckdosen X4 und X5.

a) Zeichnen Sie den Stromlaufplan in zusammenhängender Darstellung.

b) Zeichnen Sie den Übersichtsschaltplan.

c) Stellen Sie die Abzweigdose X6 (entsprechend der Aufgabe 1.2.10) dar und geben Sie an den Adern die Klemmen der Betriebsmittel an.

d) Geben Sie mithilfe einer Tabelle an, welche Drähte in der Abzweigdose X6 miteinander verbunden werden müssen.

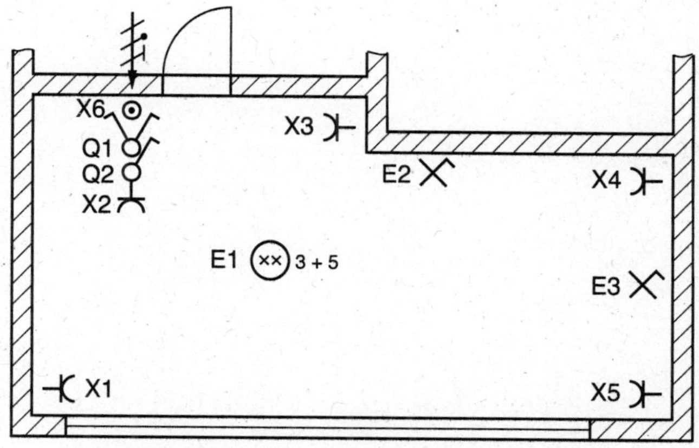

b)

c)

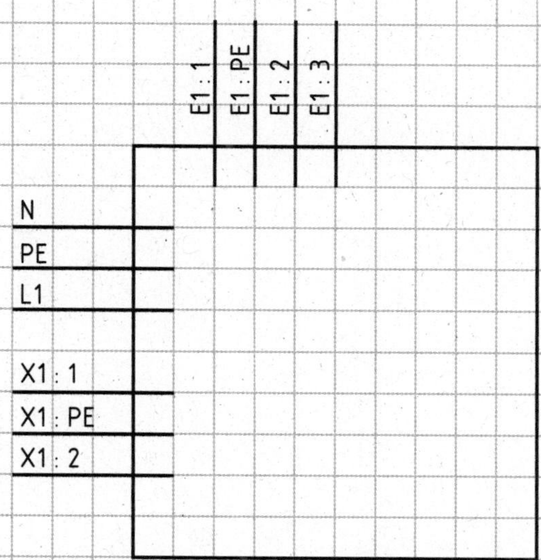

d)

Klemme	Einspeisung	E1	X1	Q1/Q2/X2	X7
: 1	N				
: 2	PE				
: 3	L1				
: 4					
: 5					
: 6					

Datum	Name	Klasse	Bewertung	1.2.11 b)...d)
Maßstab	Wohnzimmer-Installation			Blatt

Zeichnen Sie den Stromlaufplan in zusammenhängender Darstellung.

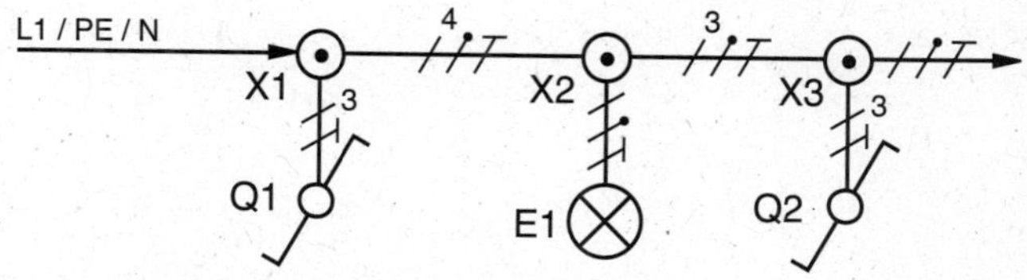

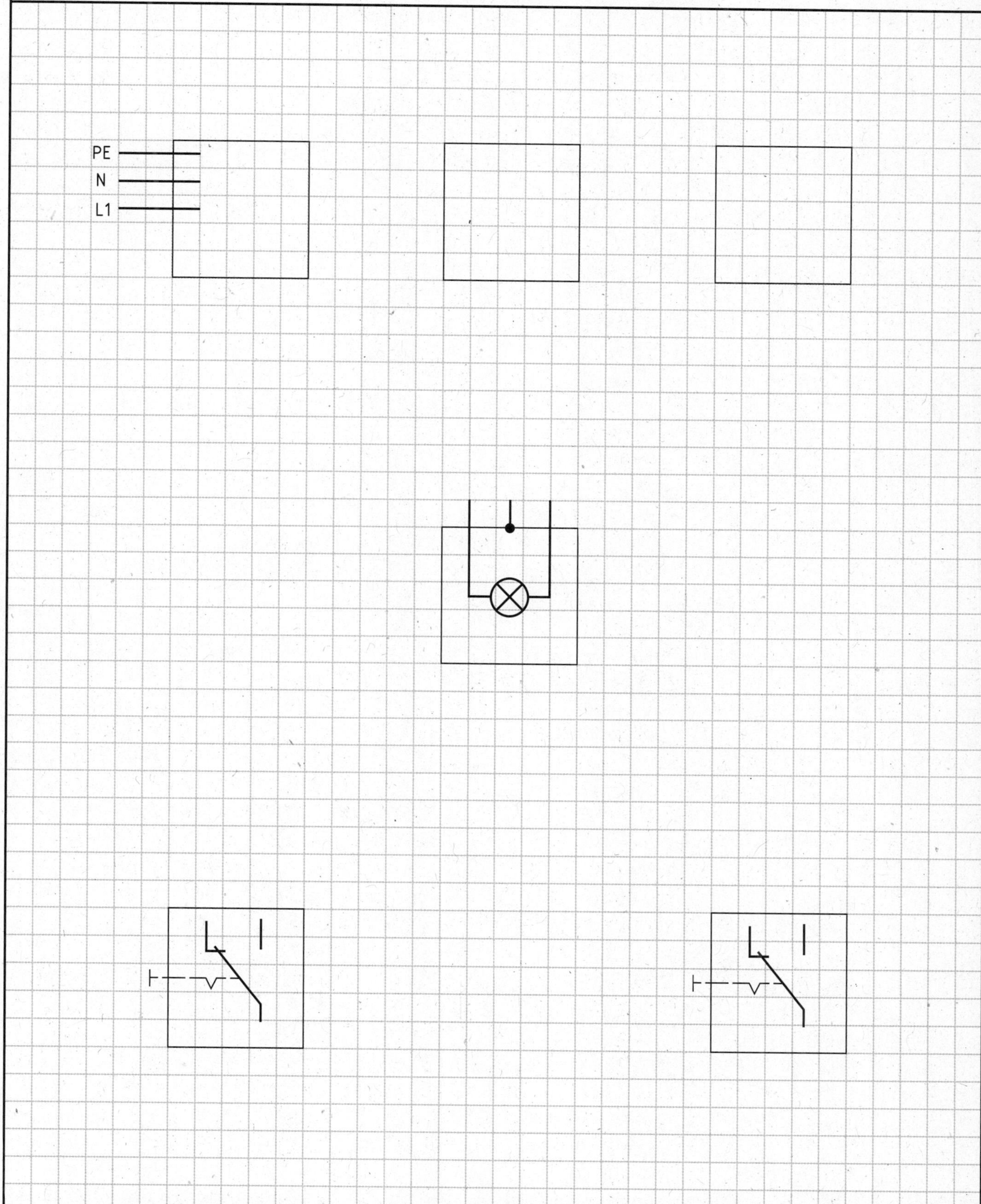

Datum	Name	Klasse	Bewertung	1.3.1
Maßstab	Essecke			Blatt

a) Analysieren Sie die Schaltung, indem Sie folgende Fragen beantworten.
Begründen Sie Ihre Antworten.
1. Sind die beiden Steckdosen X3 und X4 mit den Schaltern Q1 bzw. Q2 als Kombination eingebaut?
2. Welche Wechselschaltung ist für diese Anlage sinnvoll?

b) Zeichnen Sie den Stromlaufplan in zusammenhängender Darstellung.

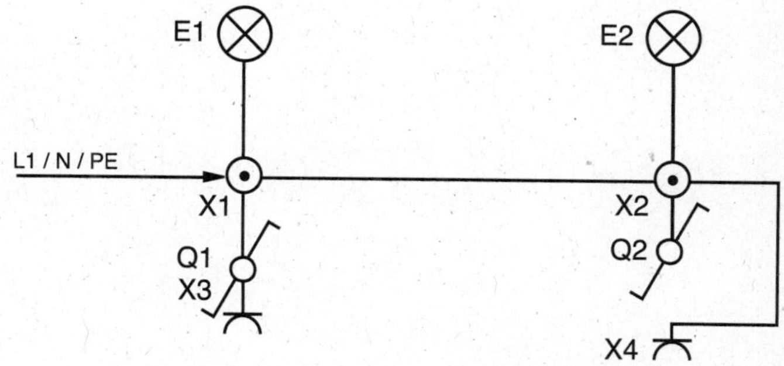

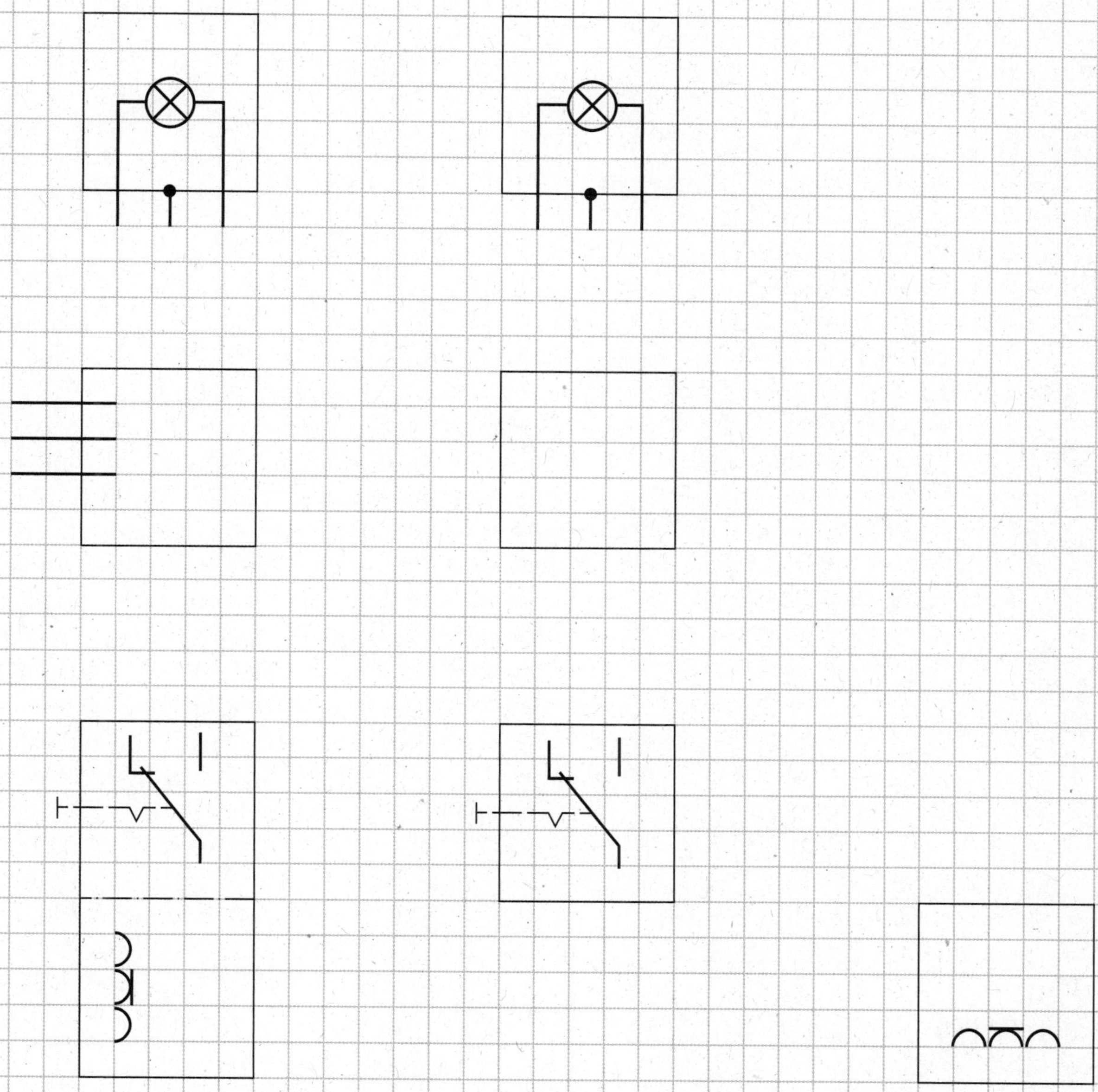

Datum	Name	Klasse	Bewertung	1.3.2
Maßstab	Wandlampen			Blatt

Zeichnen Sie den Stromlaufplan in zusammenhängender Darstellung.

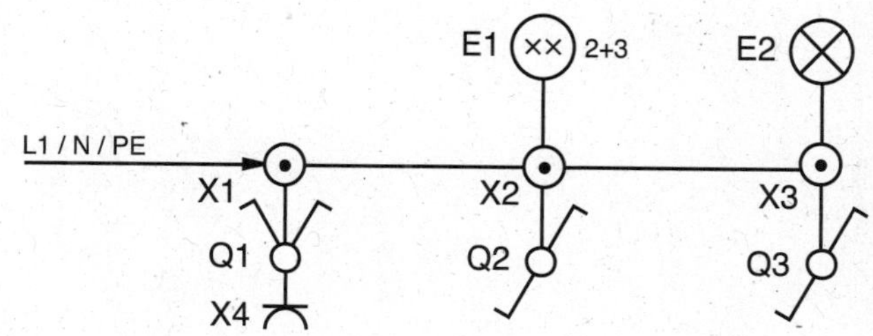

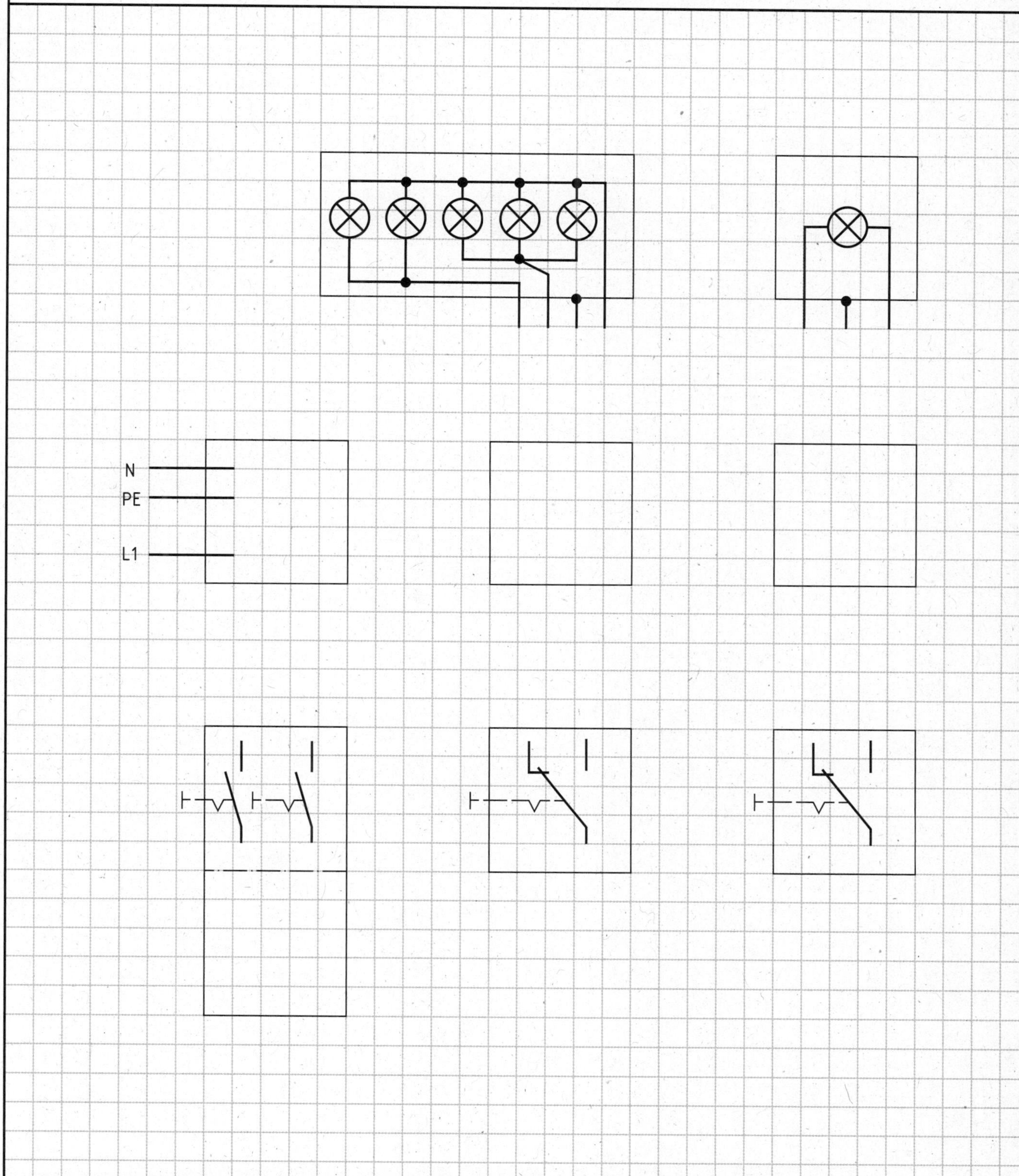

Datum	Name	Klasse	Bewertung	1.3.4
Maßstab	Wechsel- und Serienschaltung			Blatt

a) Zeichnen Sie den Übersichtsschaltplan.
Hinweise:

- Q2 schaltet E1 und E2.
- Die Steckdosen werden nicht durchgeschleift, sondern mit Abzweigdosen verbunden,
- Unter-Putz-Verlegung mit NYM.

b) Zeichnen Sie den Stromlaufplan in zusammenhängender Darstellung.

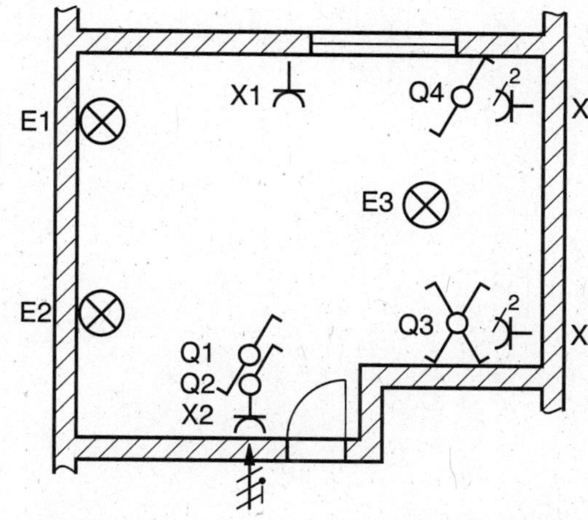

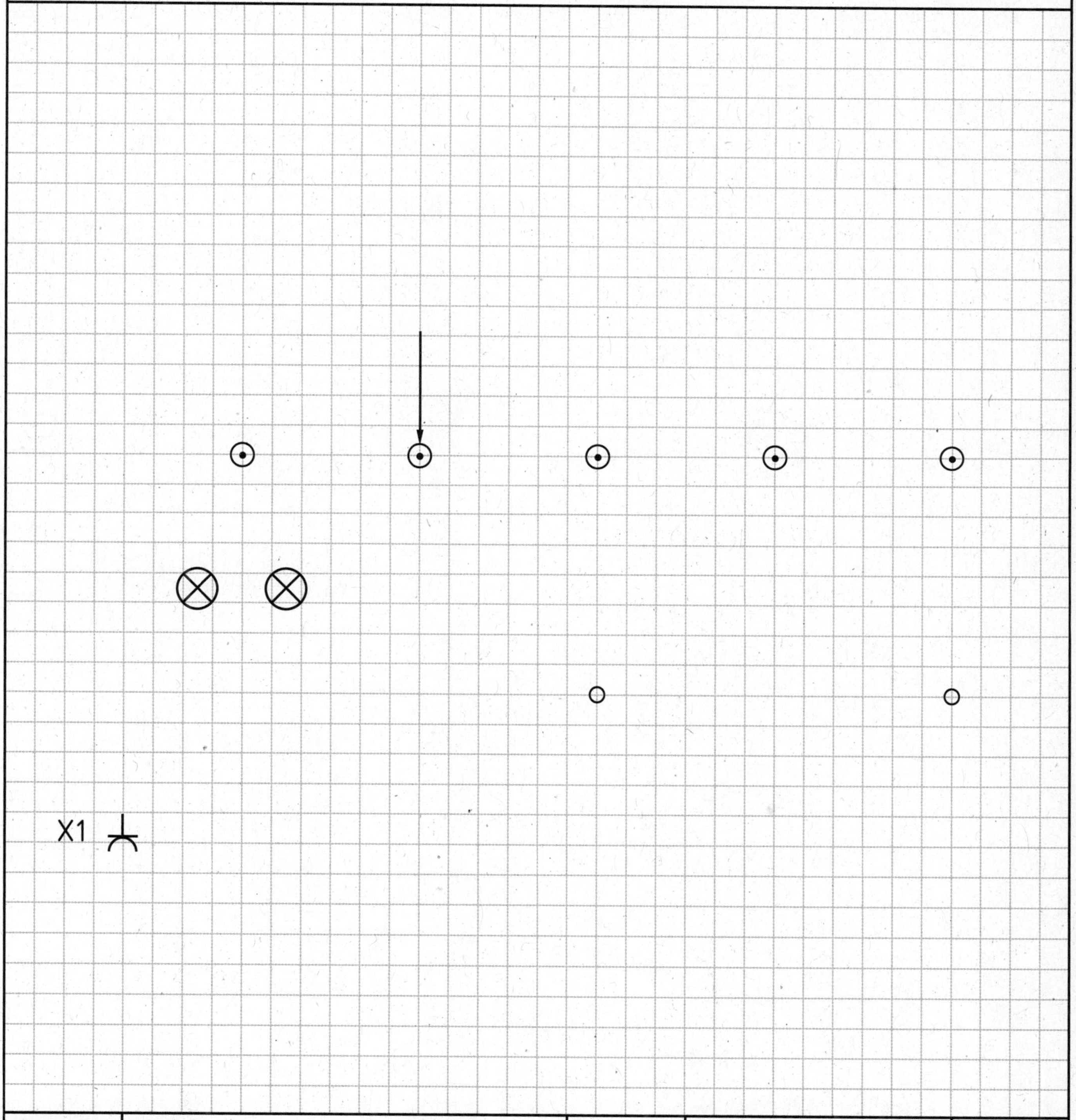

Datum	Name	Klasse	Bewertung	1.3.6 a)
Maßstab	Wohnzimmer			Blatt

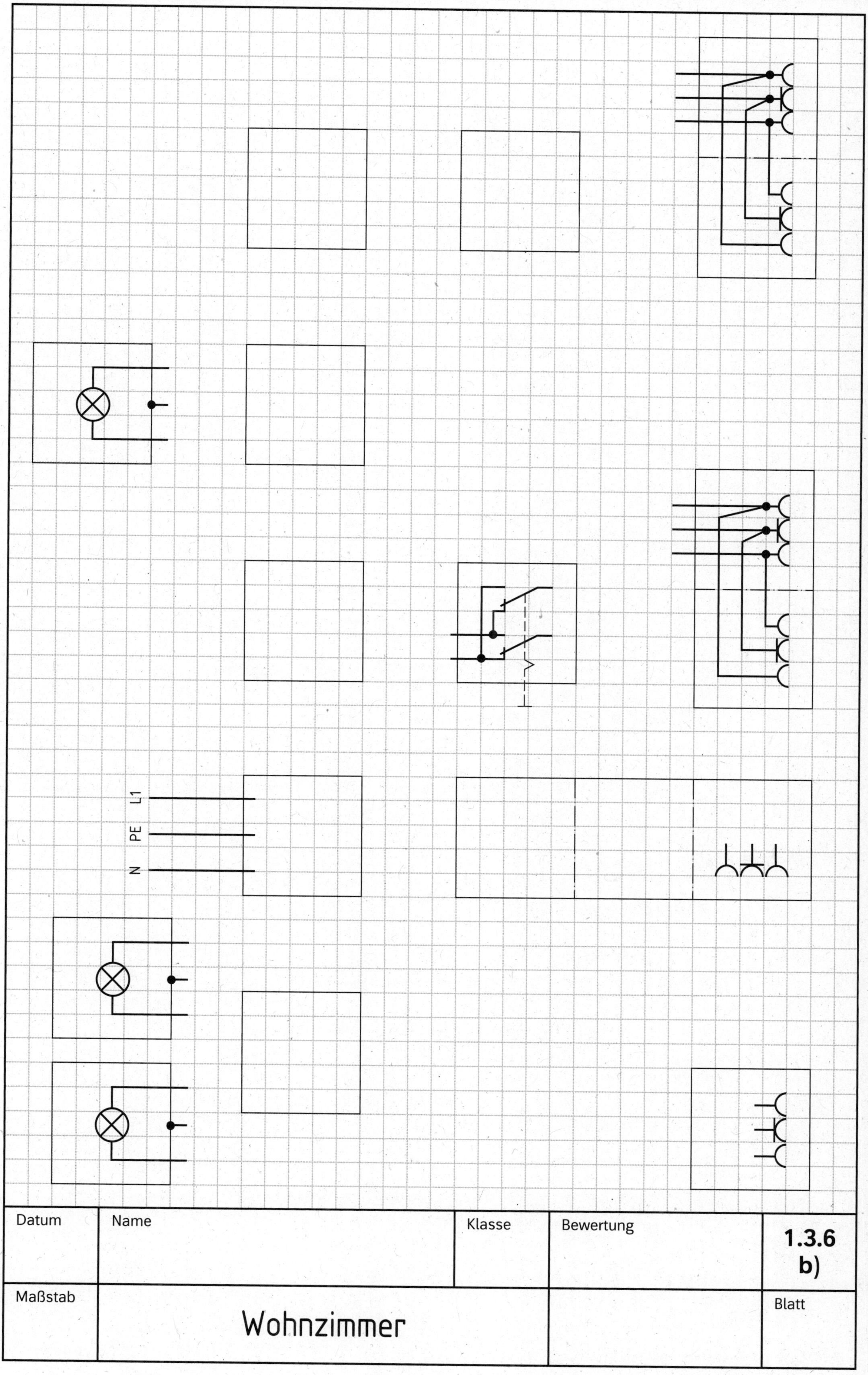

Datum	Name	Klasse	Bewertung	**1.3.6 b)**
Maßstab	Wohnzimmer			Blatt

a) Zeichnen Sie den Übersichtsschaltplan.
Hinweis:
- Die Leuchten werden an der Decke durchgeschleift und von der Abzweigdose X5 versorgt.

b) Zeichnen Sie den Stromlaufplan in zusammenhängender Darstellung.

c) Erstellen Sie eine Stückliste für das benötigte Installationsmaterial.
Hinweise:
siehe Aufg. 1.2.2 im Informationsbuch.

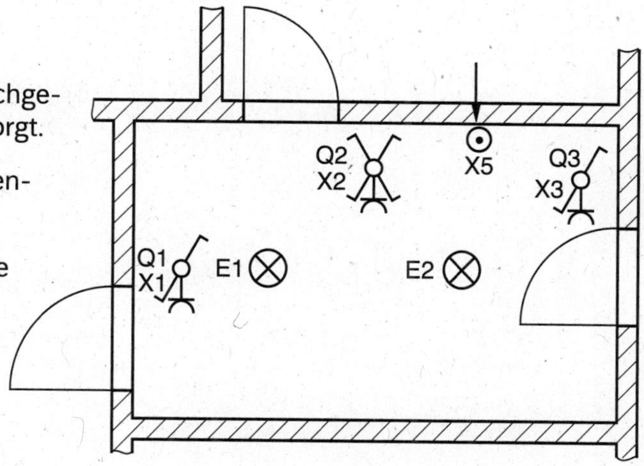

M 1:100

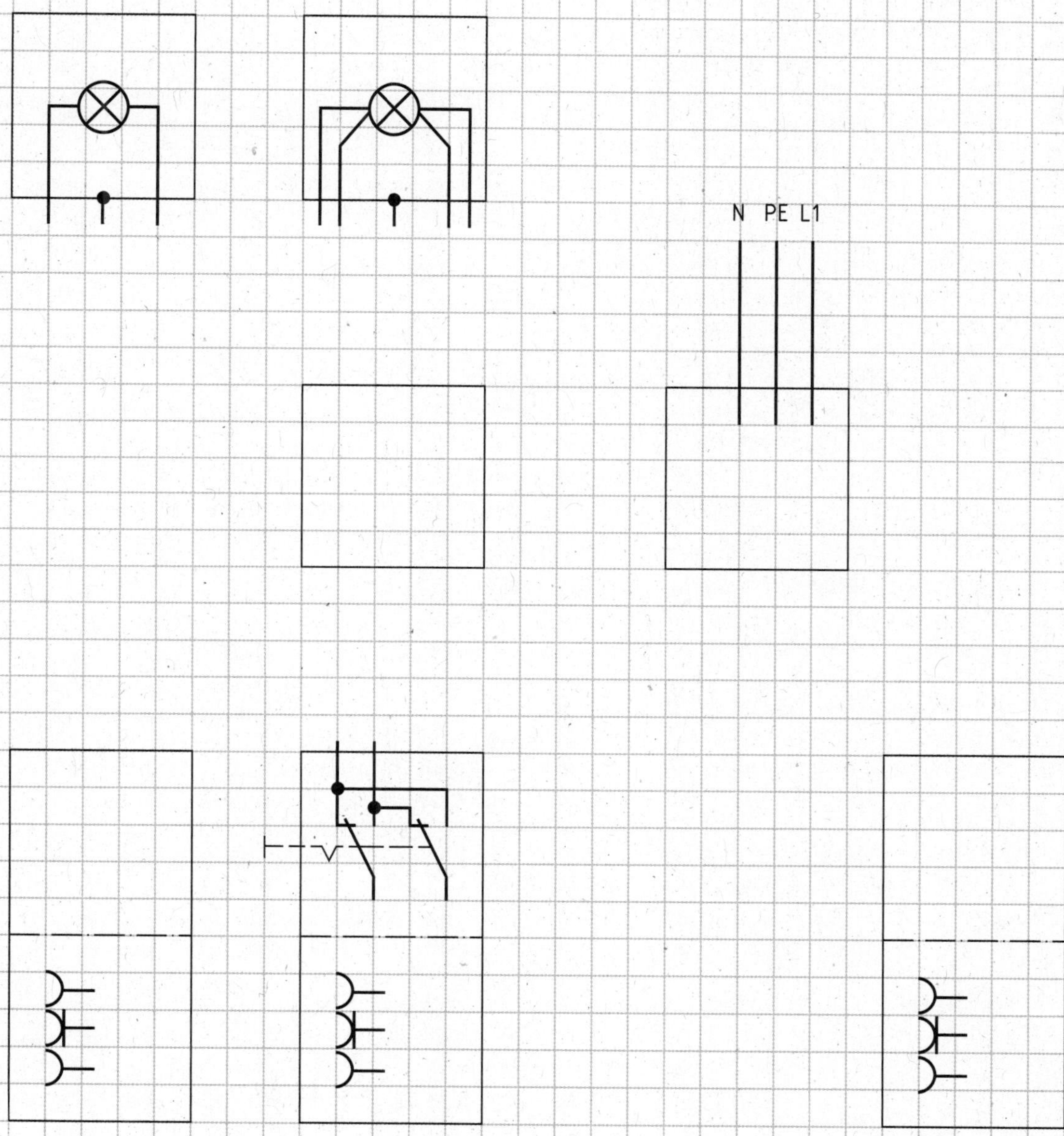

Datum	Name	Klasse	Bewertung	1.3.9 b)
Maßstab	Hausflur			Blatt

a) Zeichnen Sie den Übersichtsschaltplan.
Hinweis:
- Der Stromstoßschalter befindet sich in der Abzweigdose über S1.

b) Zeichnen Sie den Stromlaufplan in zusammenhängender Darstellung.

c) Erstellen Sie eine Stückliste für das benötigte Installationsmaterial.
Hinweise:
siehe Aufgabe 1.2.2 im Informationsbuch.

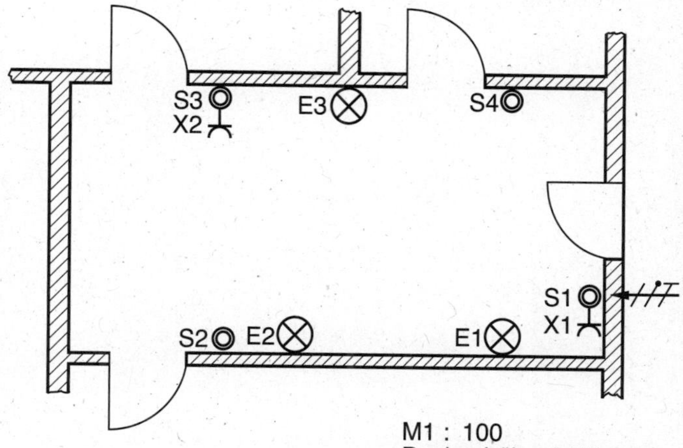

M1 : 100
Deckenhöhe: 2,75 m
Leitungen: NYM u. P.

a) Übersichtsschaltplan

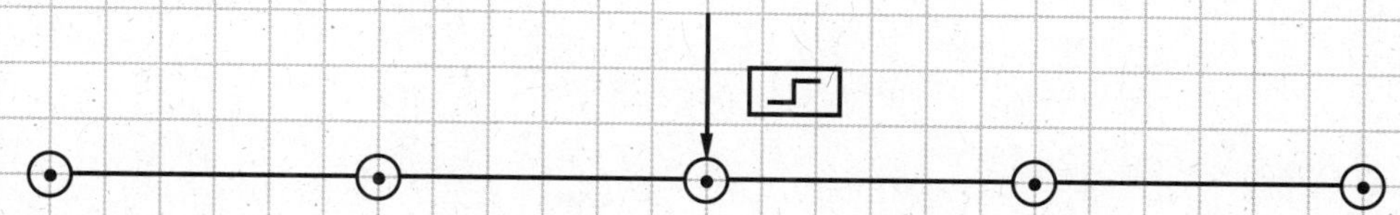

c) Stückliste

Lfd. Nr.	Anzahl	Betriebsmittel
1		
2		
3		
4		
5		
6		
7		

Lfd. Nr.	Anzahl	Betriebsmittel
8		
9		
10		
11		
12		
13		
14		

Datum	Name	Klasse	Bewertung	**1.4.1 a) c)**
Maßstab	Flur			Blatt

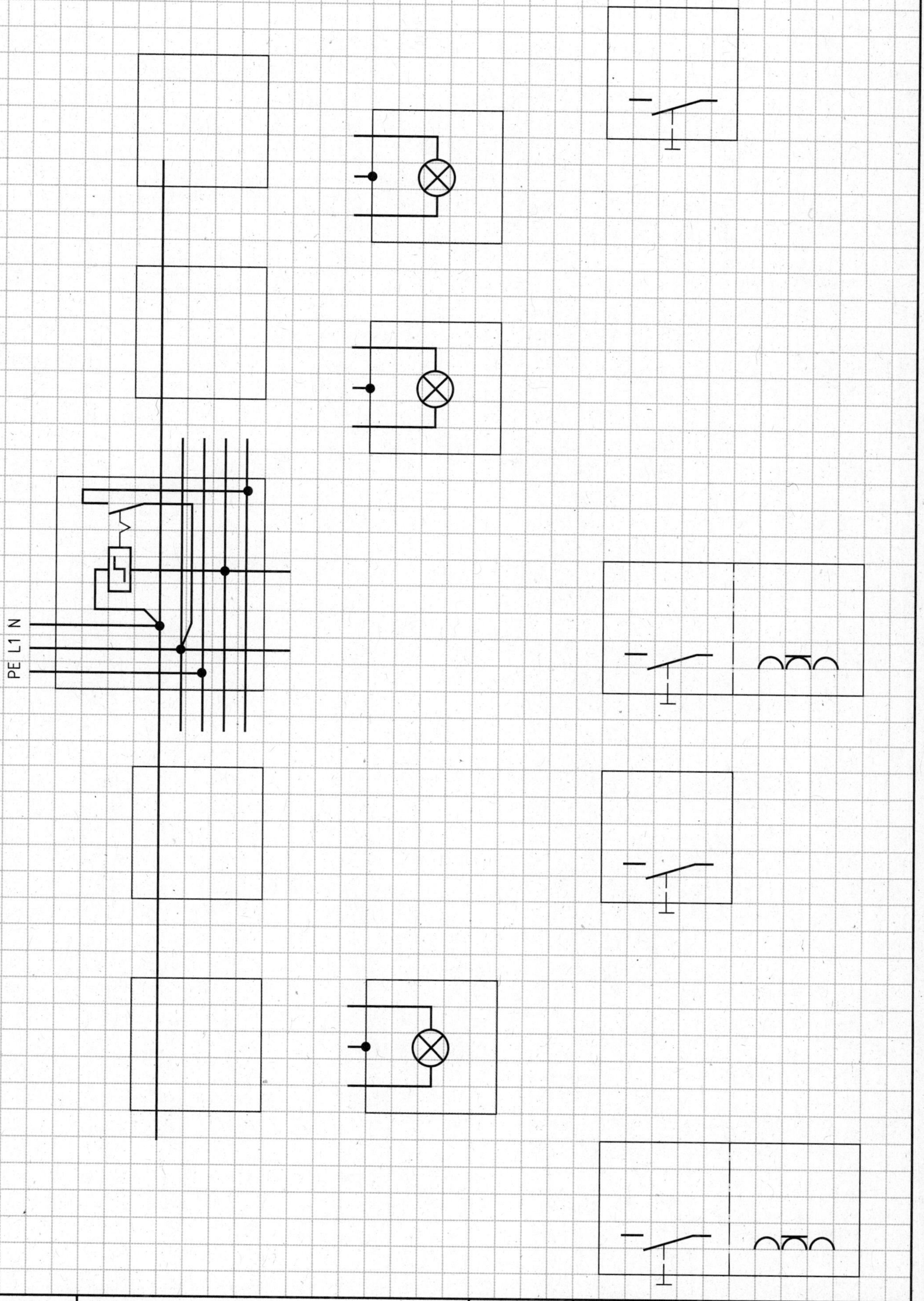

Datum	Name	Klasse	Bewertung	**1.4.1 b)**
Maßstab	Flur			Blatt

Zeichnen Sie den Stromlaufplan in zusammenhängender Darstellung.

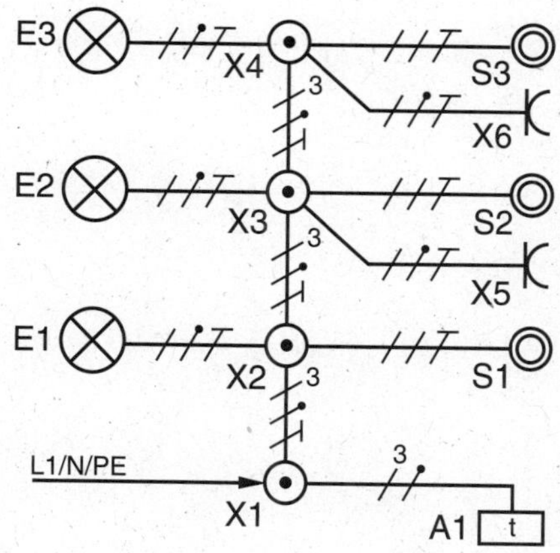

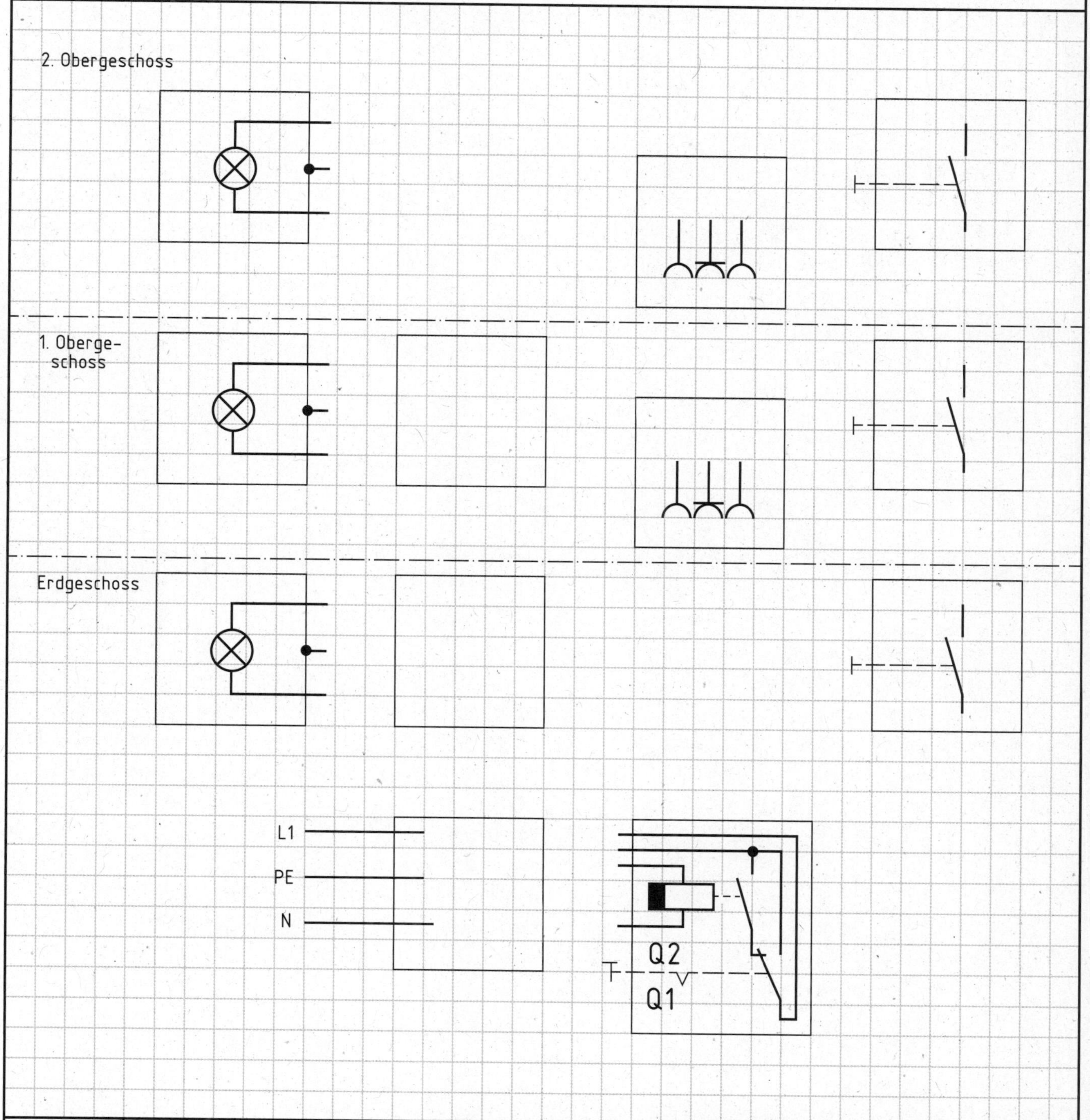

Datum	Name	Klasse	Bewertung	**1.4.4**
Maßstab	Treppenhaus			Blatt

Eine Signallampe soll von vier Tastern eingeschaltet werden. Zum Ausschalten des Signals soll der Schlüsselschalter S5 verwendet werden. Die Schaltung soll mit Relais realisiert werden.
$U_N = 230\,V \sim 50\,Hz$

Zeichnen Sie den Stromlaufplan in aufgelöster Darstellung.

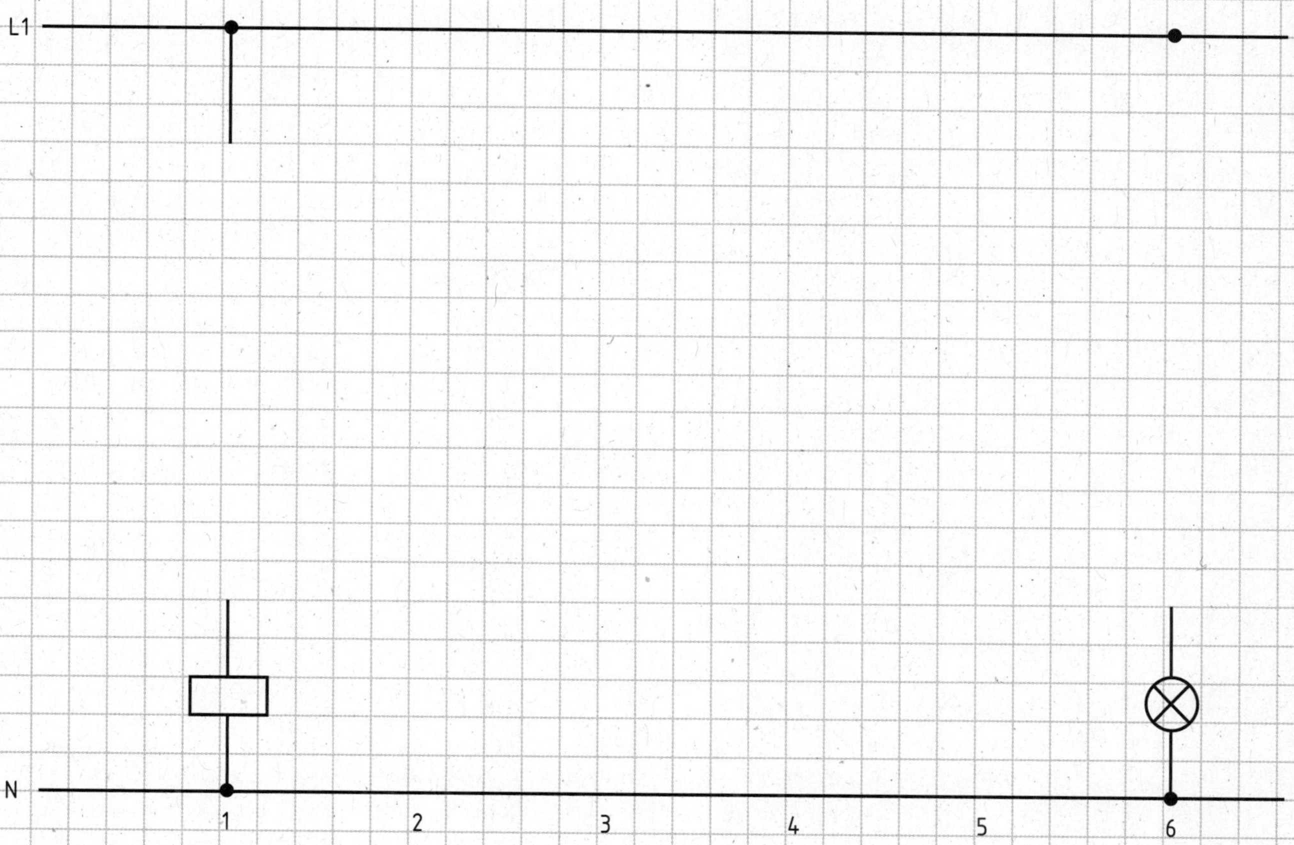

Datum	Name	Klasse	Bewertung	1.4.7
Maßstab	Signalanlage			Blatt

a) Beschreiben Sie den Aufbau der Anlage.
b) Erläutern Sie die Funktion der Anlage.

c) Zeichnen Sie den Stromlaufplan in zusammenhängender Darstellung.

Übersichtsplan

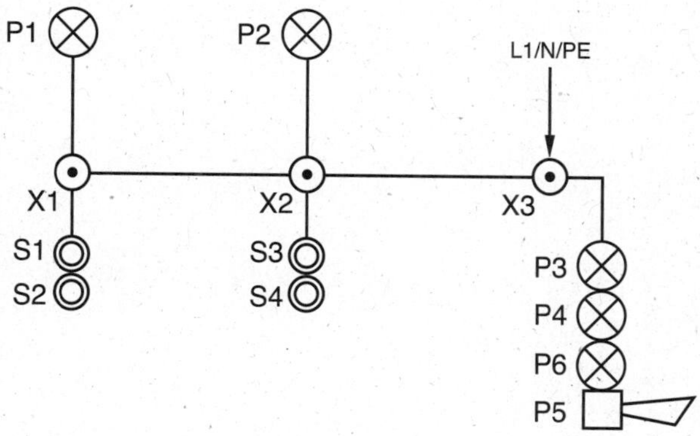

Stromlaufplan in aufgelöster Darstellung

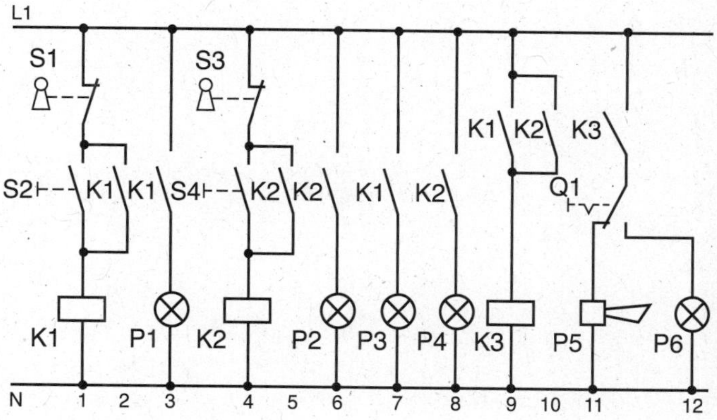

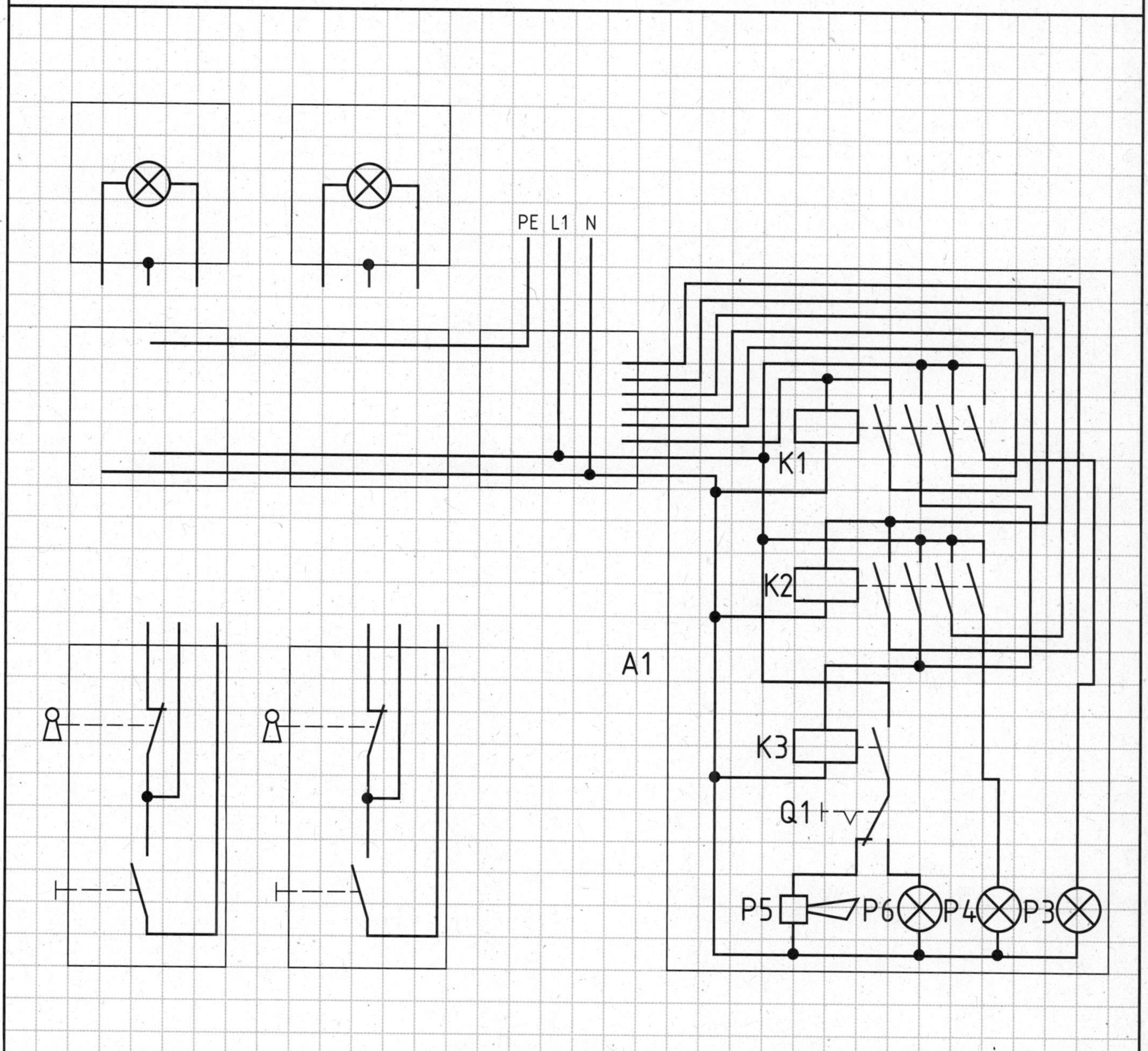

Datum	Name	Klasse	Bewertung	1.4.8 c)
Maßstab	Zimmer-Rufanlage			Blatt

Der nebenstehende Verteilungsplan wurde für eine ältere Wohnungsinstallation erstellt. Diese Unterverteilung soll an die neuesten Normen angepasst werden.

Aufträge a) ... f) siehe Seite 28 im Informationsbuch.

g) Zeichnen Sie den Verteilungsplan neu, indem Sie alle Berichtigungen aus d) ... f) verarbeiten.

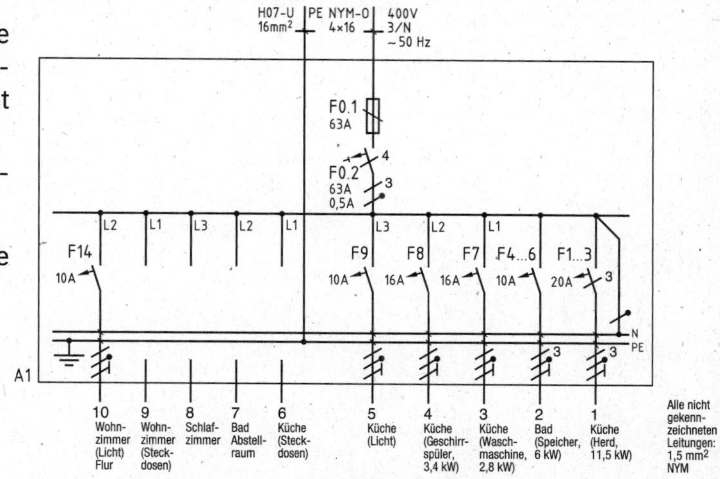

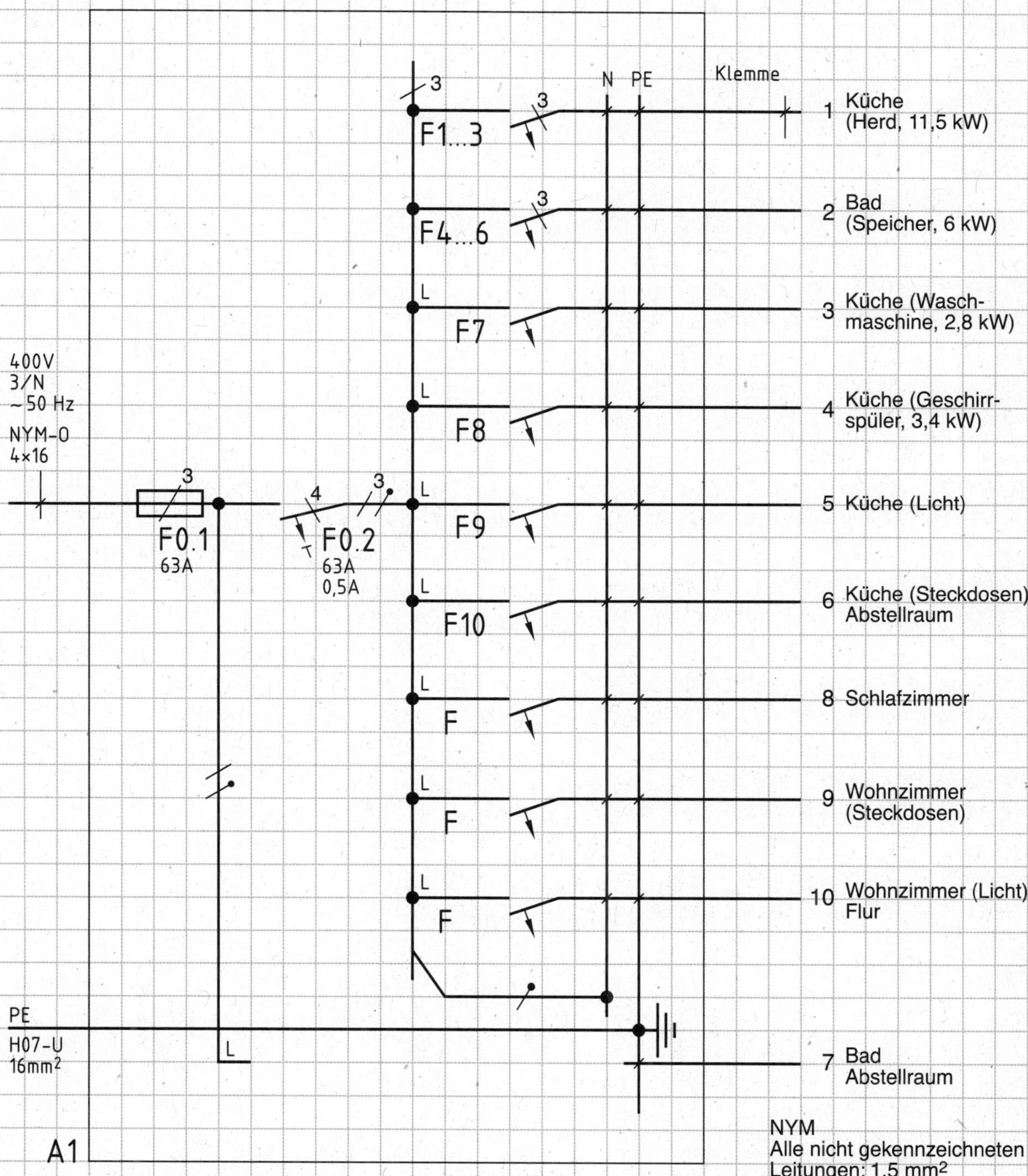

Datum	Name	Klasse	Bewertung	**1.5.2 g)**
Maßstab	Wohnungsverteilung			Blatt

Zeichnen Sie für das Haus mit dem dargestellten Grundriss einen Verteilungsplan mit 15 Stromkreisen.

Hinweise:

- Schutz bei indirektem Berühren: FI-Schutzschalter
- Eigener Stromkreis für Keller mit Werkstattraum
- Eigener Stromkreis für Garage und Garten mit RCD

Stromkreise:

- 1 Herd: 10 kW; 3x400 V, 14,5 A
- 2 Durchlauferhitzer: 18 kW, 3x400 V, 26,1 A
- 3 Waschmaschine: 3 kW, 230 V
- 4 Geschirrspüler: 3,3 kW, 230 V
- 15 Reserve

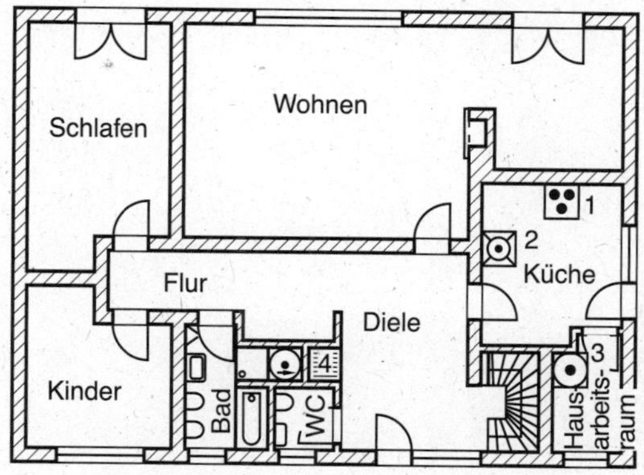

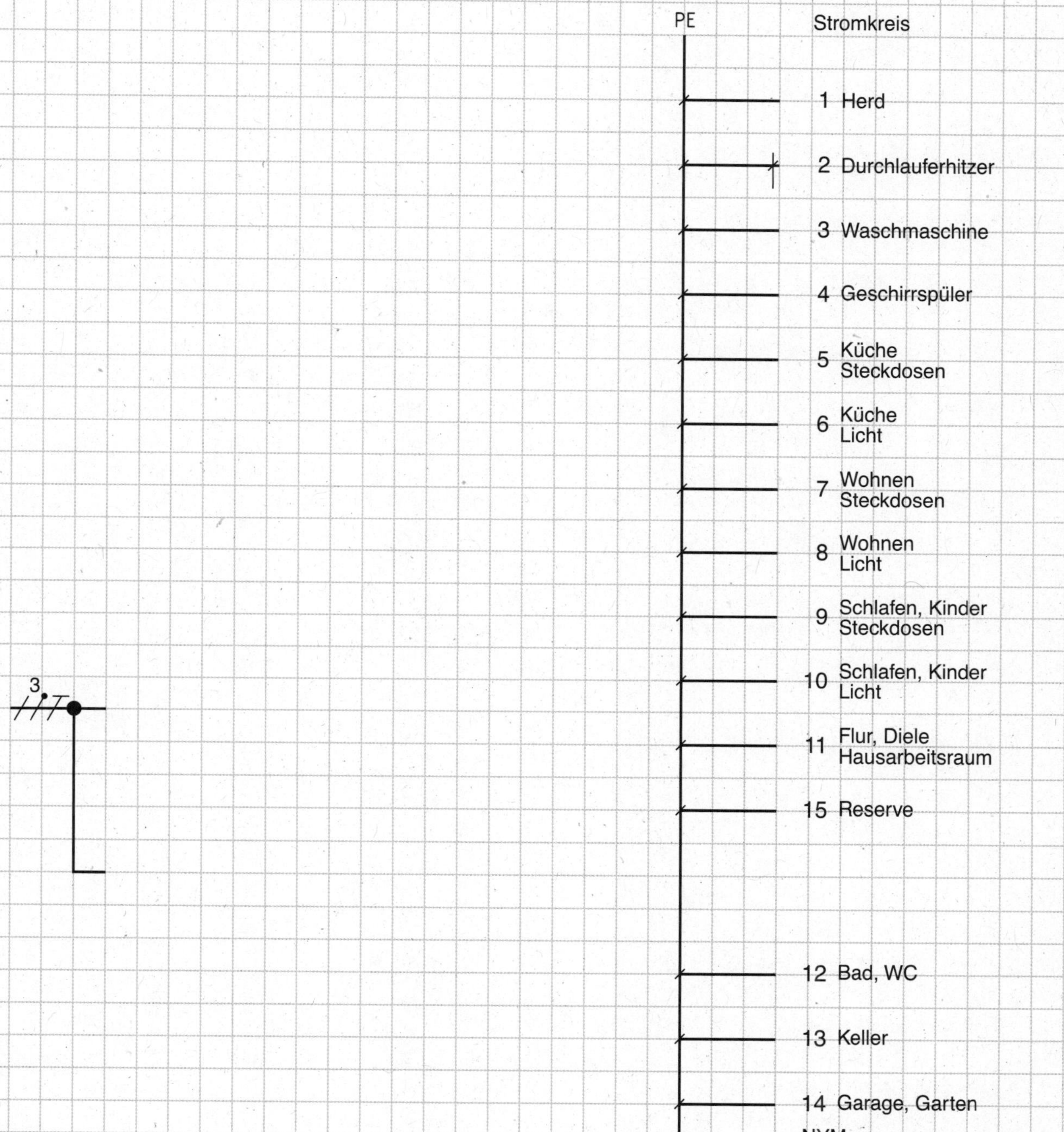

NYM
Alle nicht gekennzeichneten Leitungen: 1,5 mm²

Datum	Name	Klasse	Bewertung	1.5.4
Maßstab	Verteilungsplan			Blatt

Die Stromstärke in Abhängigkeit von der Spannung bei einem Widerstand wurde wie folgt ermittelt:

U in V	1	2	3	4	5	6	7	8	9	10
I in mA	11	21	33	40	52	64	71	84	95	105

a) Zeichnen Sie die Kennlinie für die Stromstärke in Abhängigkeit von der Spannung.

b) Ermitteln Sie den Widerstand aus der Kennlinie, indem Sie das Verhältnis U/I bilden.

c) Welchen Nennwert besitzt der Widerstand, wenn eine Toleranz von ±10 % zugrunde gelegt wird?

d) Zeichnen Sie in das Diagramm den Toleranzbereich des Widerstandes ein (Maximal- und Minimalwert).

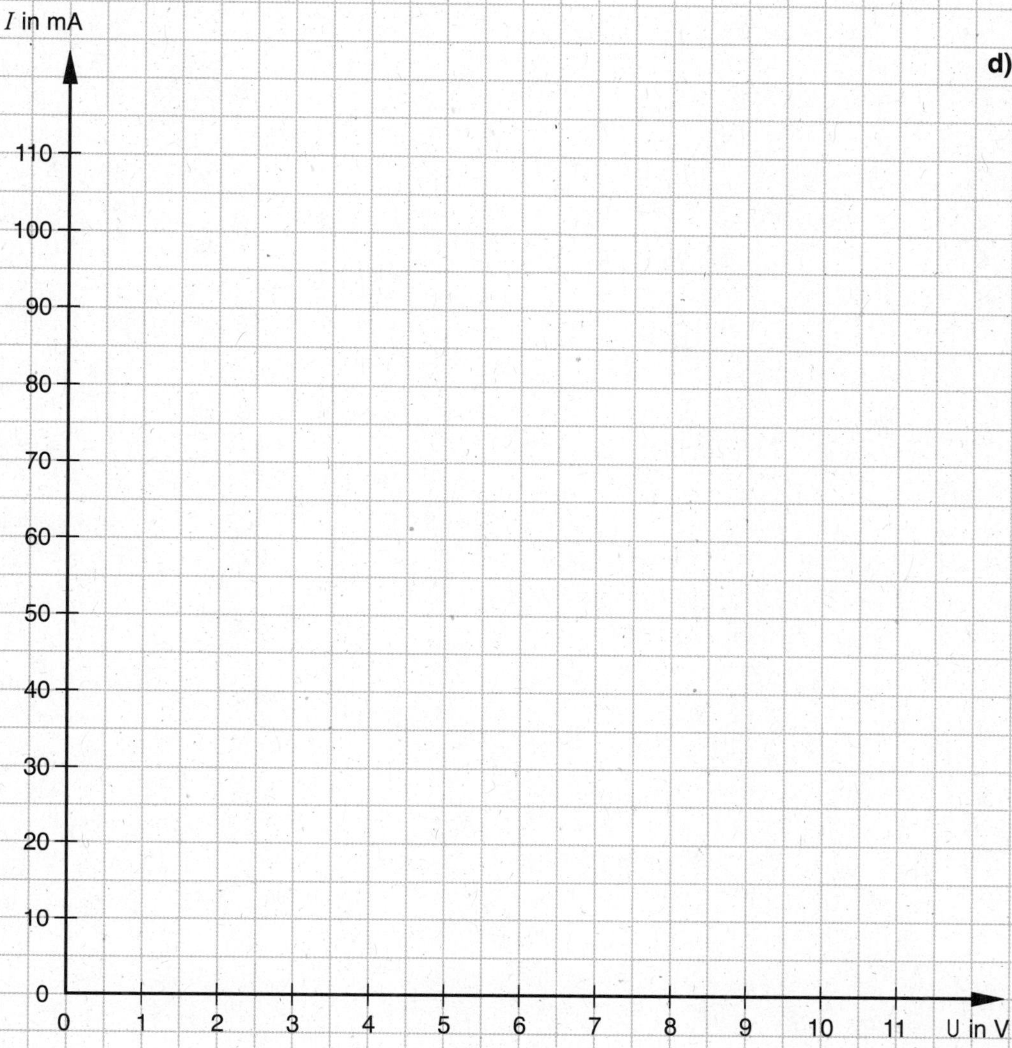

d)

a)

b)

c)

Datum	Name	Klasse	Bewertung	**2.1.1**
Maßstab	Widerstandskennlinie			Blatt

Ein Spannungsteiler besteht aus den Widerständen $R_1 = 220\ \Omega$ und $R_2 = 100\ \Omega$. Der Widerstand R_2 kann in Stufen von 20 Ω von 0 Ω bis 100 Ω verändert werden. Die Gesamtspannung beträgt 50 V.

Ermitteln Sie die Spannung am Widerstand R_2 für jede Widerstandseinstellung.

a) Zeichnerische Lösung.

b) Mathematische Lösung.

c) Wie groß muss R_2 gewählt werden, damit die Spannung $U_2 = 30$ V groß wird?

Hinweis:
Kennlinie für R_2 in das Diagramm von Teil a) einzeichnen und aus den Diagrammwerten den Widerstand ermitteln.

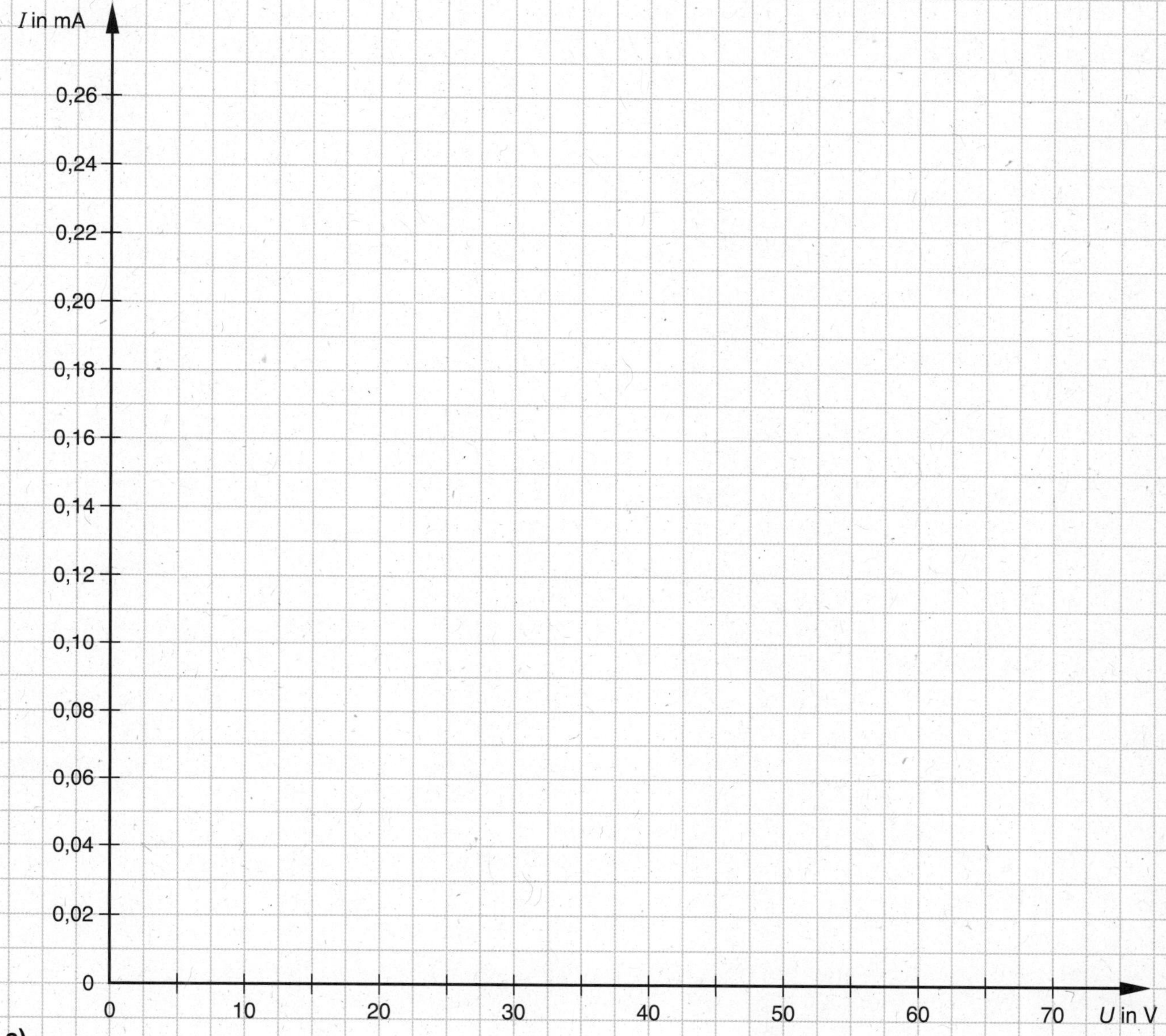

a)

b)

c)

Datum	Name	Klasse	Bewertung	2.2.1
Maßstab	Stufig einstellbarer Widerstand			Blatt

Der Spannungsteiler mit drei Widerständen ist ursprünglich für eine maximale Umgebungstemperatur von +60 °C dimensioniert worden. Die Belastbarkeit von R_1 in Abhängigkeit von der Umgebungstemperatur kann dem Diagramm entnommen werden.

Der Spannungsteiler soll jetzt bis zu einer Umgebungstemperatur von +100 °C eingesetzt werden.

Überprüfen Sie zeichnerisch, ob dieses möglich ist.

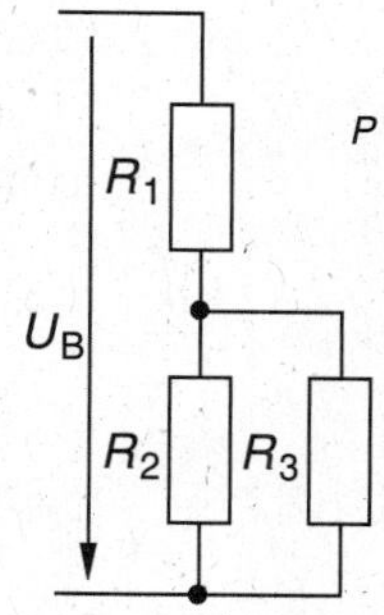

$R_1 = 100\ \Omega$

$R_2 = 220\ \Omega$

$R_3 = 330\ \Omega$

$U_B = 10\ V$

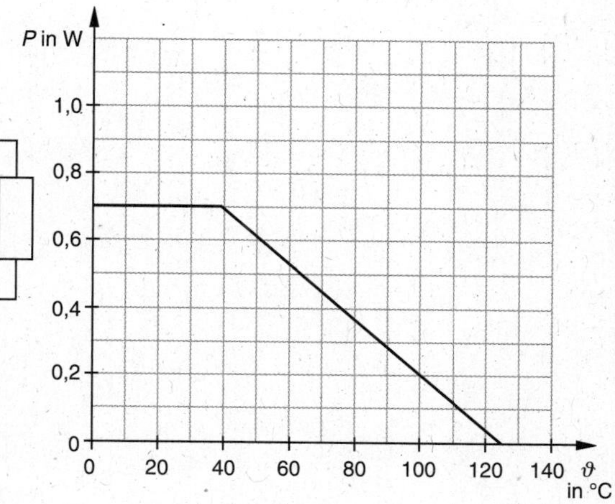

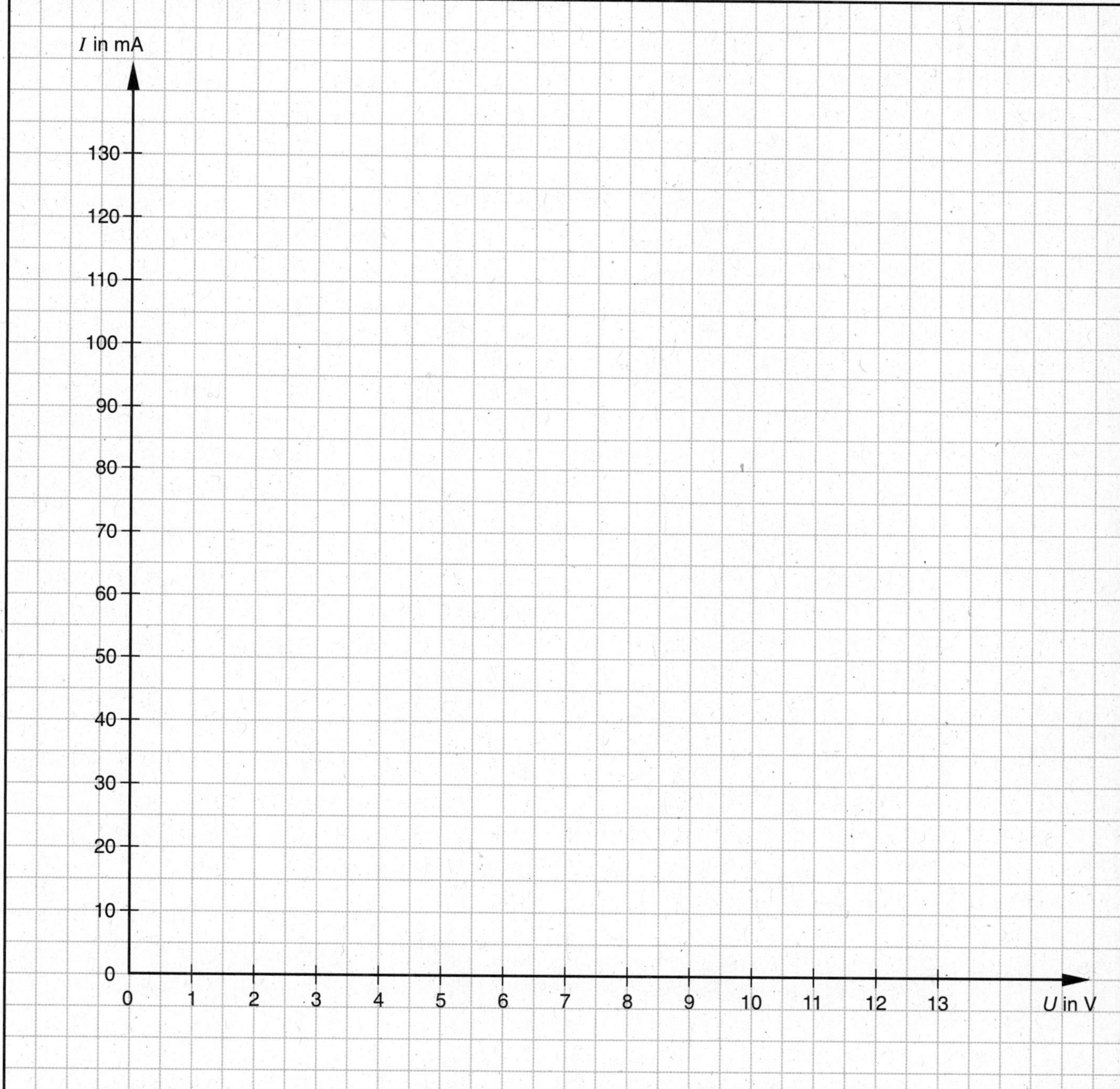

Datum	Name	Klasse	Bewertung	2.2.6
Maßstab	Spannungsteiler mit drei Widerständen			Blatt

Zeichnen Sie die Kennlinie um, inden Sie für die Stromstärken-Achse eine logarithmische Teilung verwenden.

Für die Spannungsachse soll weiterhin eine lineare Teilung verwendet werden.

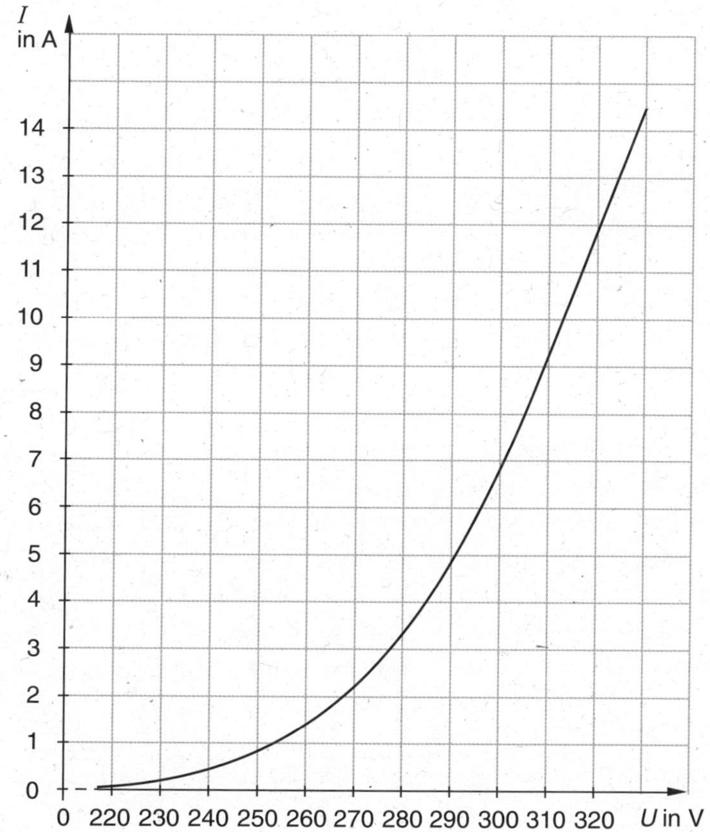

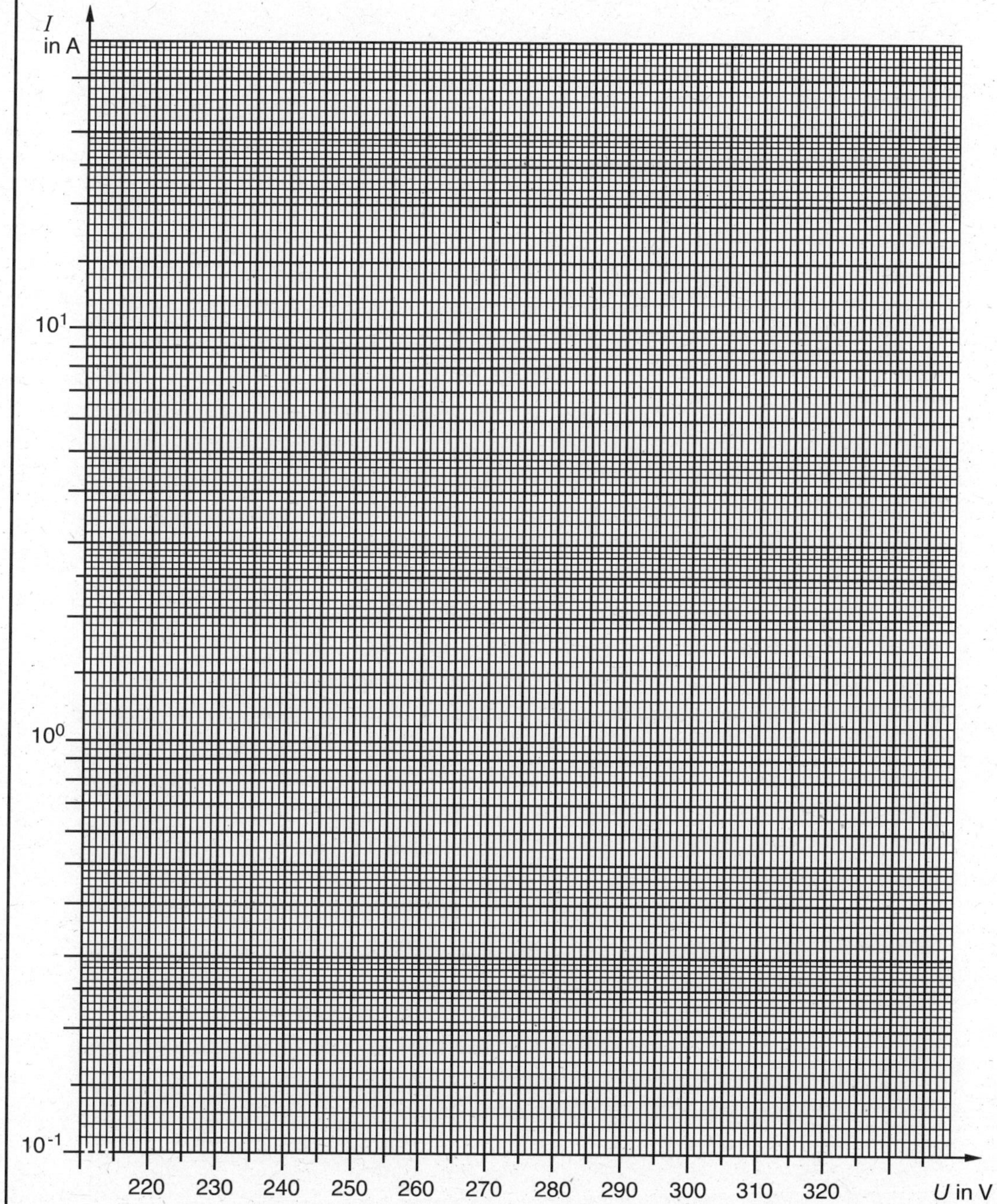

Datum	Name	Klasse	Bewertung	**2.3.4**
Maßstab	Strom-Spannungs-Kennlinie (VDR)			Blatt

Zeichnen Sie die linearisierte Widerstandskennlinie für die Reihenschaltung eines Heißleiters mit einem Wirkwiderstand für einen Temperaturbereich von 0 °C bis 90 °C.

Die mittlere Temperatur beträgt 40 °C.

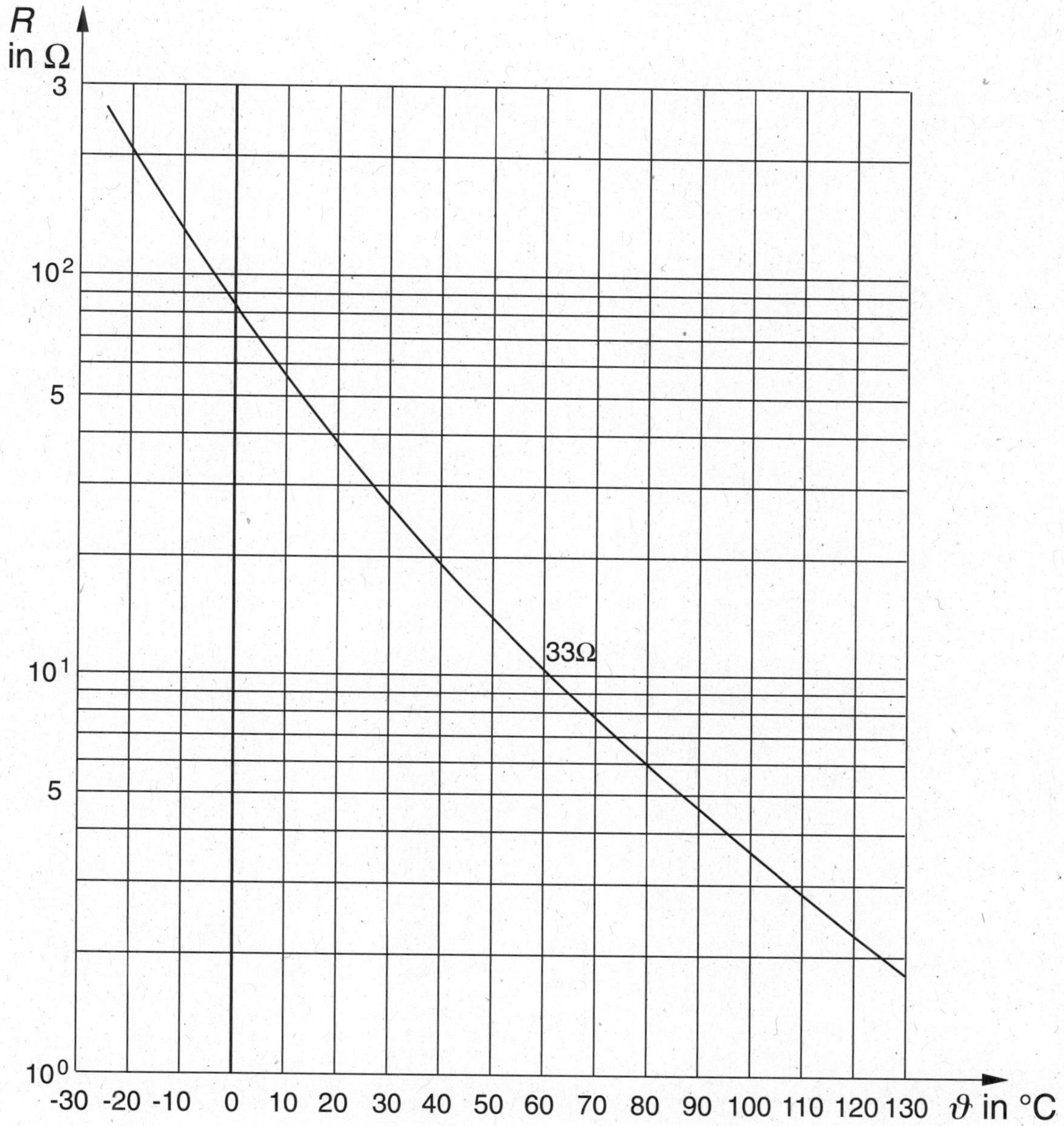

Datum	Name	Klasse	Bewertung	2.4.7
Maßstab	Linearisierung durch Reihenschaltung			Blatt

Zeichnen Sie für die Heißleiterkennlinie in doppelt-logarithmischer Darstellungsweise eine Kennlinie mit linearer Achseneinteilung.

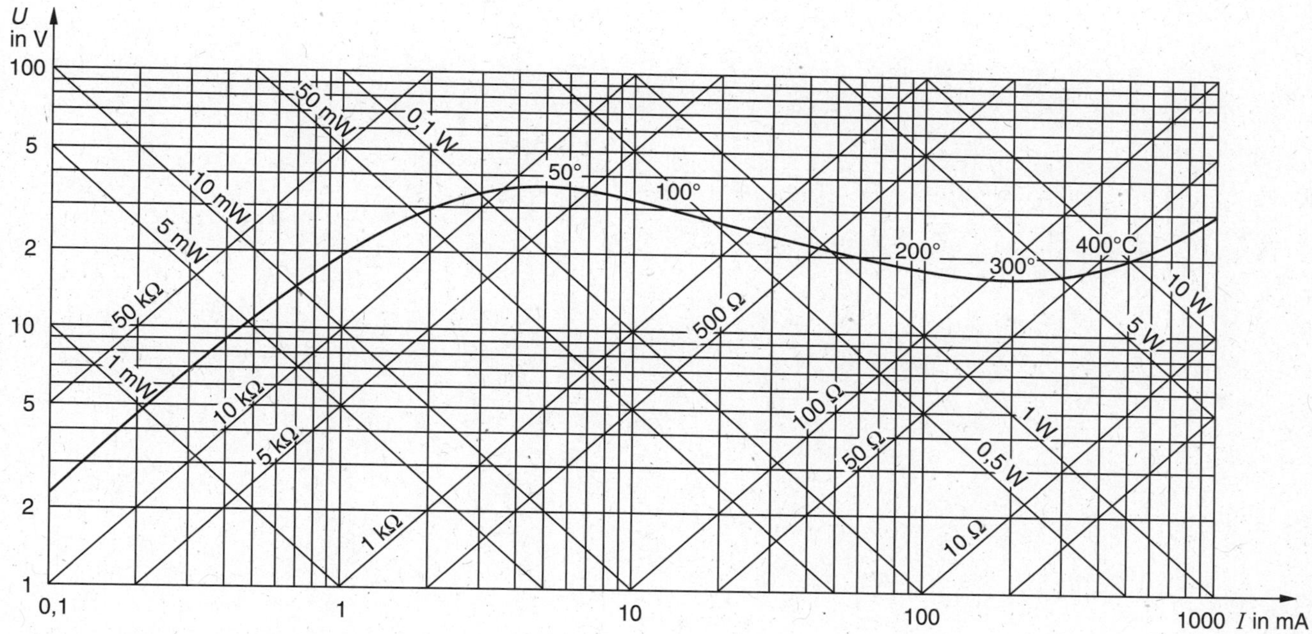

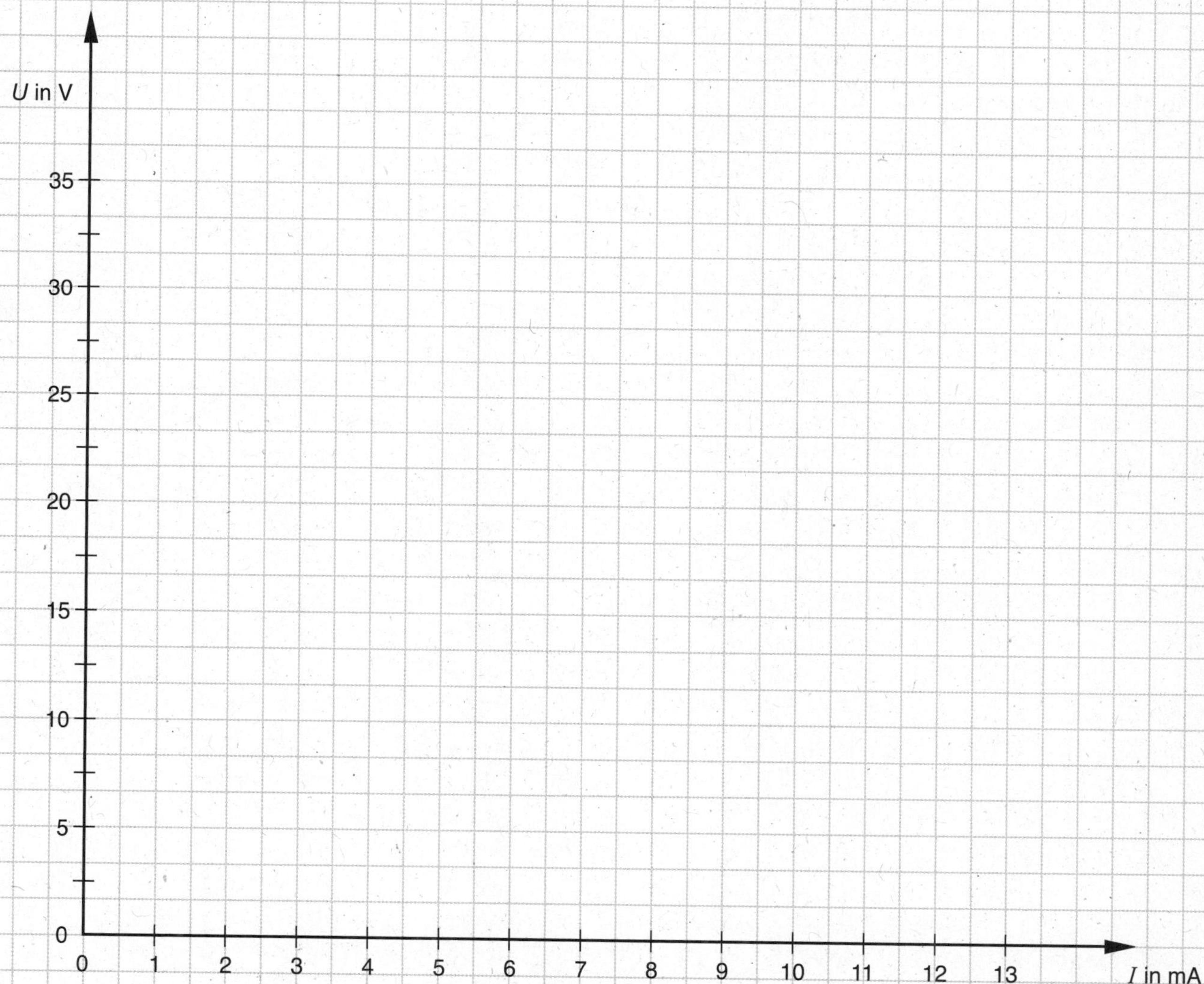

Datum	Name	Klasse	Bewertung	2.4.8
Maßstab	Spannungs-Strom-Kennlinie eines Heißleiters			Blatt

In der Abbildung ist in doppelt-logarithmischer Darstellung die Strom-Spannungs-Kennlinie eines Kaltleiters zu sehen.

a) Zeichnen Sie die Strom-Spannungs-Kennlinie bis 0,7 V mit linearer Achsenteilung.

b) Zeichnen Sie die Strom-Spannungs-Kennlinie bis 40 mA und 100 V.

c) Der Kaltleiter wird zum Schutz eines Kleingerätes eingesetzt.
Die Betriebsspannung beträgt 100 V.
Es fließt dabei ein Strom von 20 mA.
Ermitteln Sie mit der in Teil b) entwickelten Kennlinie die Spannung an den jeweiligen Bauteilen und berechnen Sie die jeweils vorherrschenden Widerstände.
Wie groß ist die Spannungsaufteilung, wenn das Gerät durch Überlastung einen Widerstand von 250 Ω besitzt?

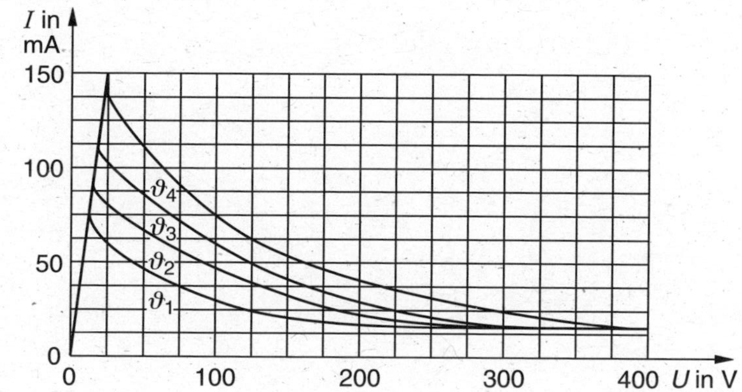

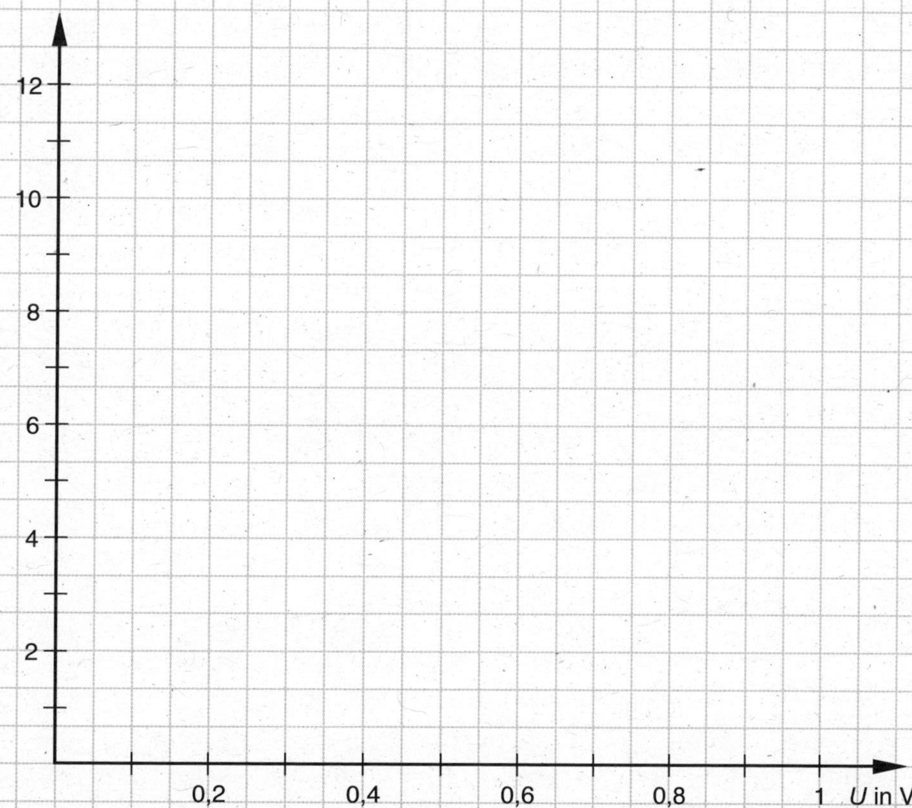

a)

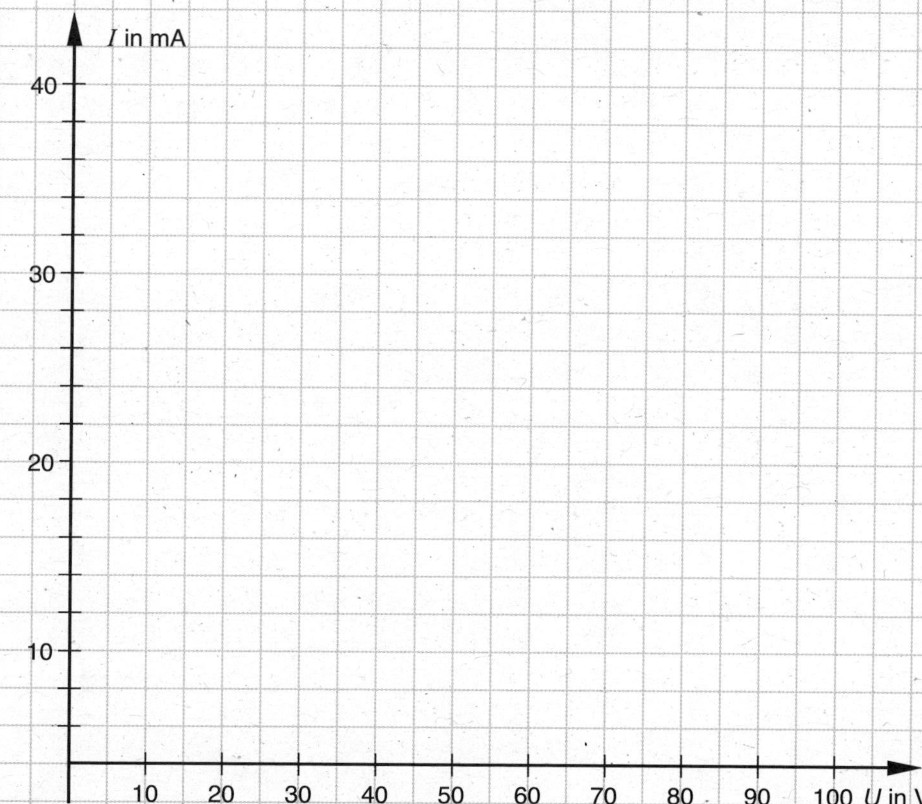

b) c)

Datum	Name	Klasse	Bewertung	2.5.2
Maßstab	Strom-Spannungs-Kennlinie (PTC)			Blatt

Auch bei lichtabhängigen Widerständen kann mit einer Kennlinie die Stromstärke in Abhängigkeit von der Spannung dargestellt werden. Je nach Beleuchtungsstärke ergibt sich eine andere Kennlinie.

a) Ermitteln Sie für alle Kennlinien den Widerstand bei 10 V.

b) Wie verhält sich der Widerstand des LDR im Vergleich zu einem linearen Widerstand?

c) Die Verlustleistung des LDR beträgt 100 mV. Bis zu welcher Spannung darf der Widerstand für die verschiedenen Beleuchtungsstärken betrieben werden?

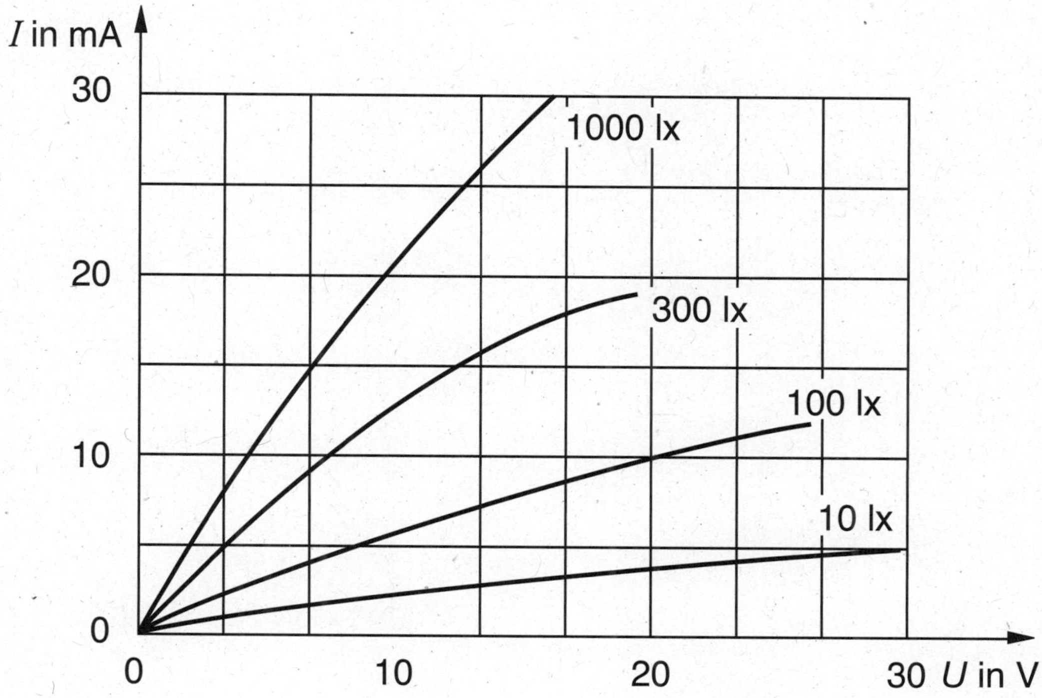

Datum	Name	Klasse	Bewertung	2.6.3
Maßstab	Strom-Spannungs-Kennlinie (LDR)			Blatt

Die Strom-Spannungs-Kennlinie einer Germanium- und einer Silicium-Diode in Durchlassrichtung soll aufgenommen werden.

a) Zeichnen Sie den Stromlaufplan für die Messschaltung.

b) Zeichnen Sie die Kennlinie, wenn folgende Messwerte vorliegen:

c) Berechnen Sie zu den in Teil b) ermittelten Größen die jeweiligen Gleichstromwiderstände.

d) Berechnen Sie anhand der Kennlinien die Wechselstromwiderstände für die folgenden Spannungsänderungen. Germanium-Diode: 0,40 V ... 0,45 V
Silicium-Diode: 0,75 V ... 0,80 V

Germanium-Diode

U_F in V	0,10	0,20	0,25	0,30	0,35	0,40	0,45
I_F in mA	0	0,70	2,0	4,3	8,0	14	30

Silicium-Diode

U_F in V	0,30	0,40	0,50	0,55	0,60	0,65	0,70	0,75	0,80
I_F in mA	0	0,2	1,0	2,0	4,0	7,3	14,3	22,3	36,7

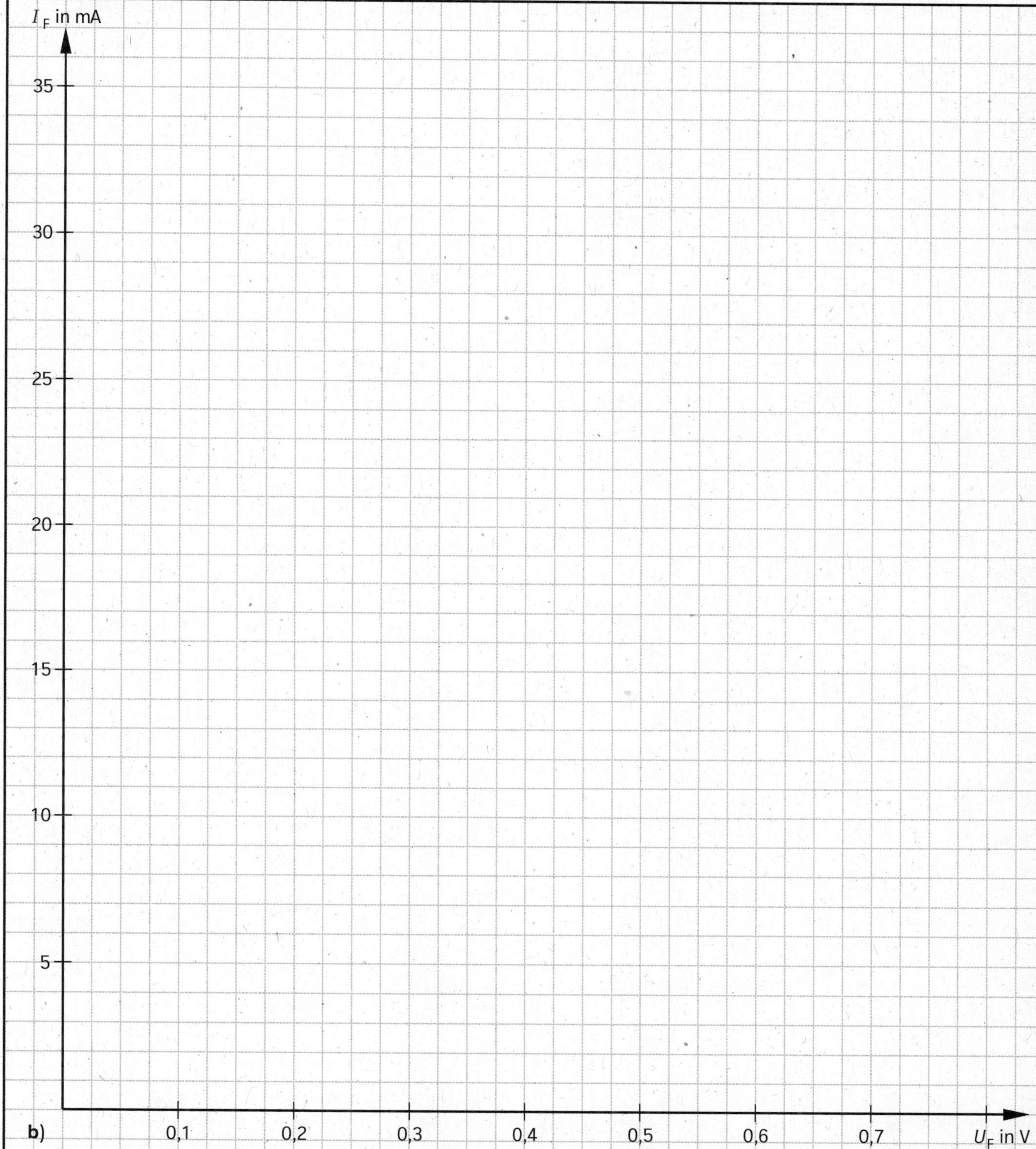

b)

Datum	Name	Klasse	Bewertung	2.7.1
Maßstab	Strom-Spannungs-Kennlinie 1 (Diode)			Blatt

Kennlinien von Dioden werden häufig mit logarithmischen Achsenteilungen dargestellt.

Entnehmen Sie entsprechende Daten aus der Abbildung und stellen Sie den Durchlassstrom I_F der Silicium-Diode in Abhängigkeit von der Durchlassspannung U_F in einem Diagramm mit linearer Achsenteilung dar (bis $U_F = 0{,}9$ V).

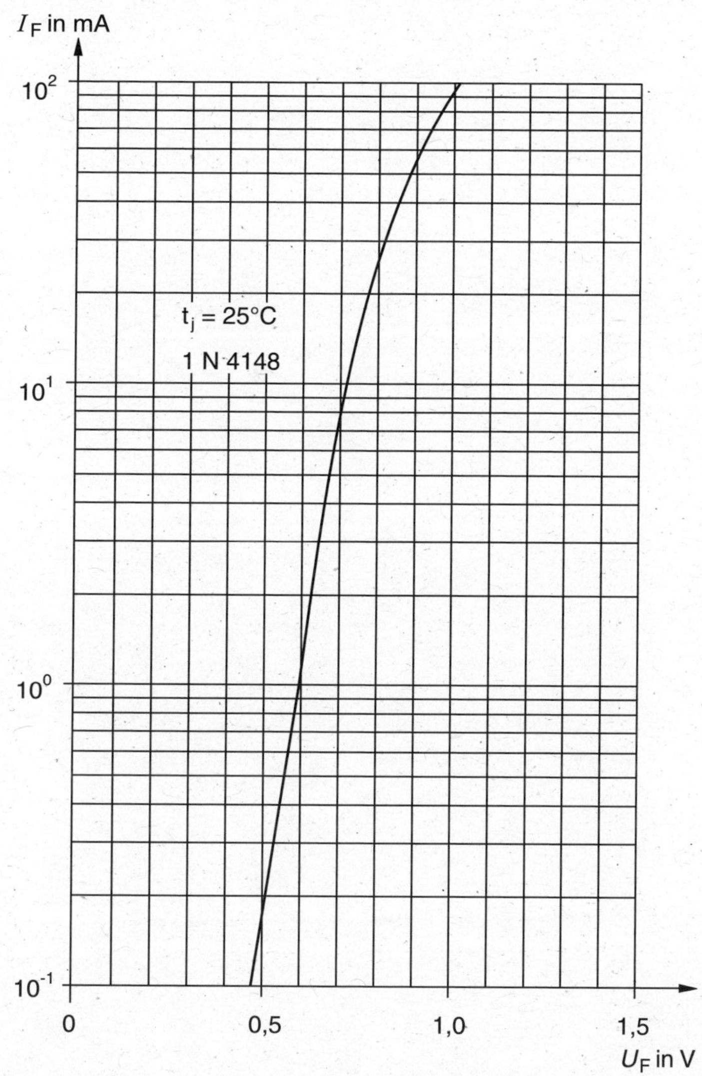

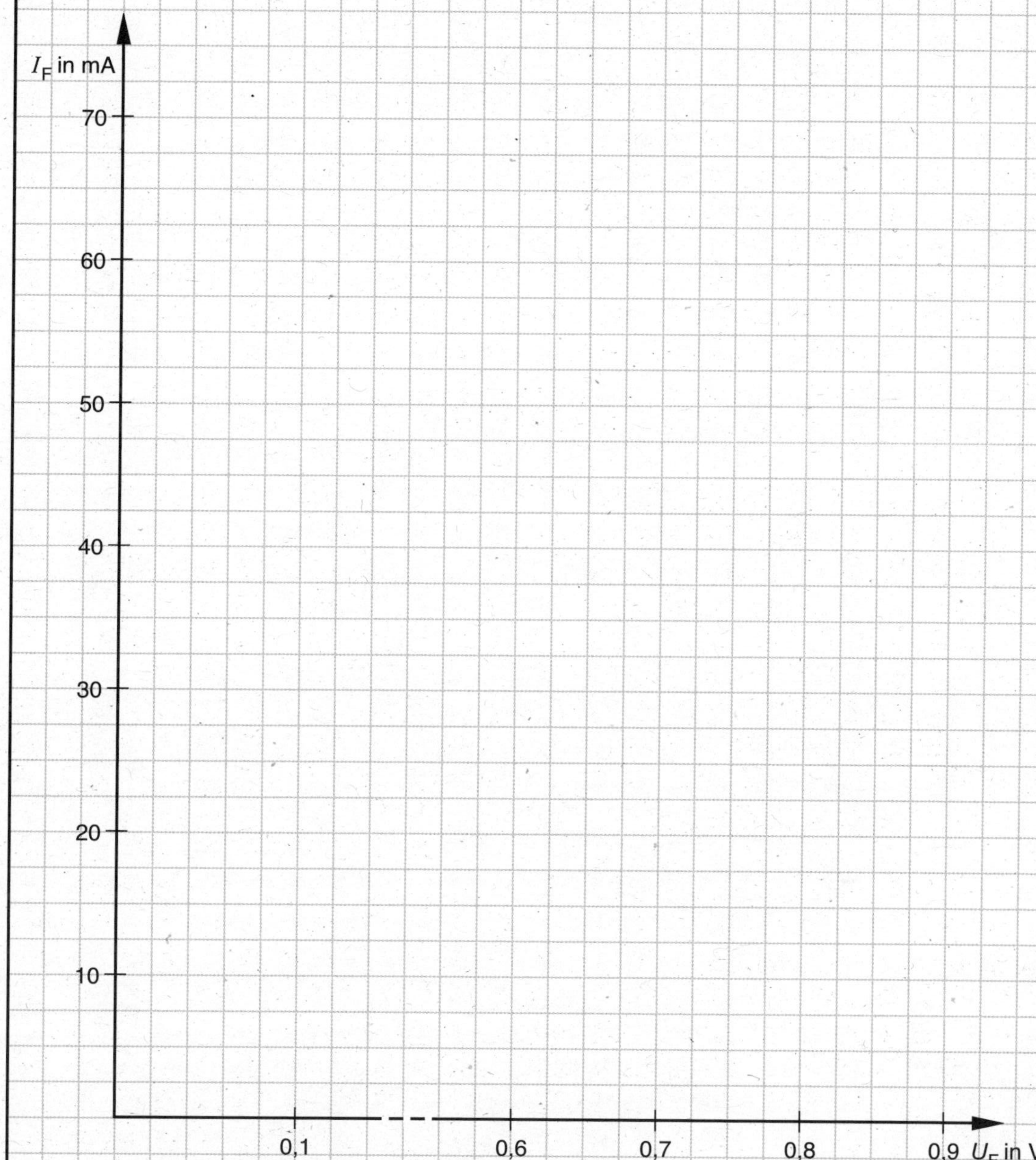

Datum	Name	Klasse	Bewertung	2.7.2
Maßstab	Strom-Spannungs-Kennlinie 2 (Diode)			Blatt

Die folgende Schaltung soll mit nur einer Leitung (zwei Leiter) zwischen A1 und A2 und einem Umschalter folgende Funktion besitzen:

- Wenn S1 nicht betätigt ist, soll K1 angezogen sein.
- Wenn S1 betätigt ist, soll K2 anziehen und K1 abfallen.

Zeichnen Sie den Stromlaufplan, wenn die Bauteile entsprechend der Abbildung in Ihrer Anordnung vorgegeben sind.

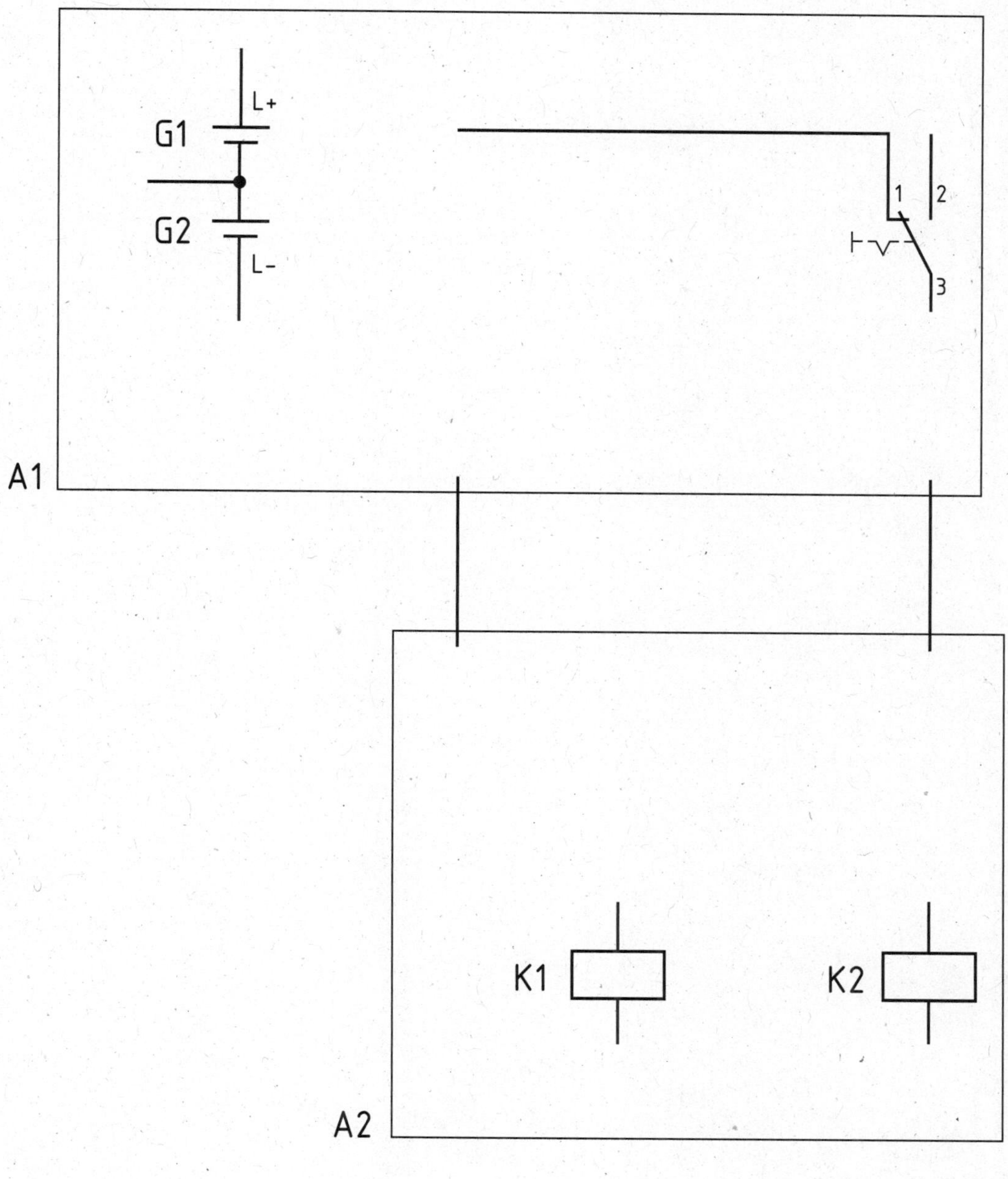

Datum	Name	Klasse	Bewertung	2.7.12
Maßstab	Umschaltung mit einer zweiadrigen Leitung			Blatt

Für eine Steuerung ist die folgende Wertetabelle gegeben.

Zeichnen Sie die Schaltung
a) nur mit drei UND-Gliedern und
b) nur mit drei NAND-Gliedern,
a, b, c, d: Eingangsvariable
e: Ausgangsvariable

a	1	1	1	1	1	1	1	1	0	0	0	0	0	0	0	0
b	1	1	1	1	0	0	0	0	1	1	1	1	0	0	0	0
c	1	1	0	0	1	1	0	0	1	1	0	0	1	1	0	0
d	1	0	1	0	1	0	1	0	1	0	1	0	1	0	1	0
e	1	0	0	0	0	0	0	0	0	0	0	0	0	0	0	0

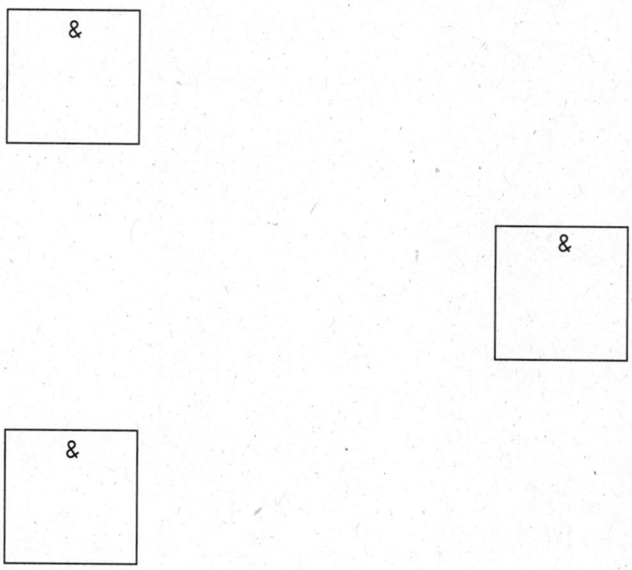

a)

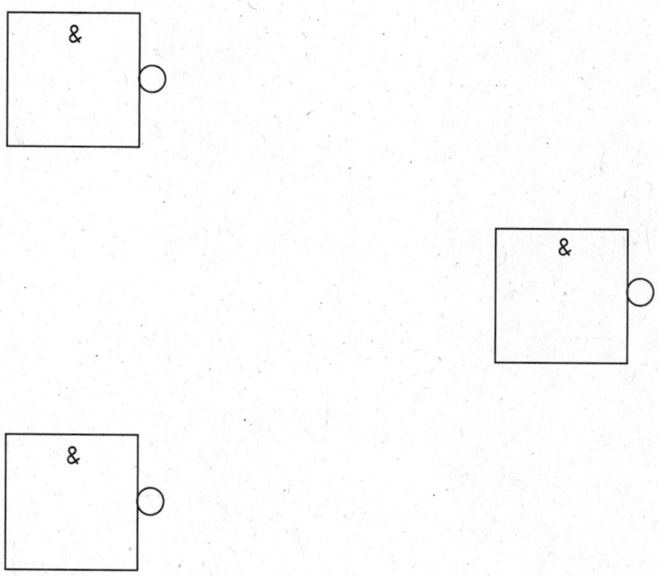

b)

Datum	Name	Klasse	Bewertung	2.8.11
Maßstab	Schaltung 2			Blatt

Für eine Sprechanlage soll eine logische Verknüpfungsschaltung nach folgenden Bedingungen erstellt werden:

- Ein Anruf aus dem Verkauf soll vorrangig in das Sekretariat gelangen.
- Die Werkstatt kann sich nur dann mit dem Sekretariat in Verbindung setzen, wenn vom Verkauf kein Gespräch geführt wird.
- Das Lager kann nur dann Verbindung mit dem Sekretariat aufnehmen, wen Werkstatt oder Verkauf nicht sprechen.

Zeichnen Sie die logische Verknüpfungsschaltung.

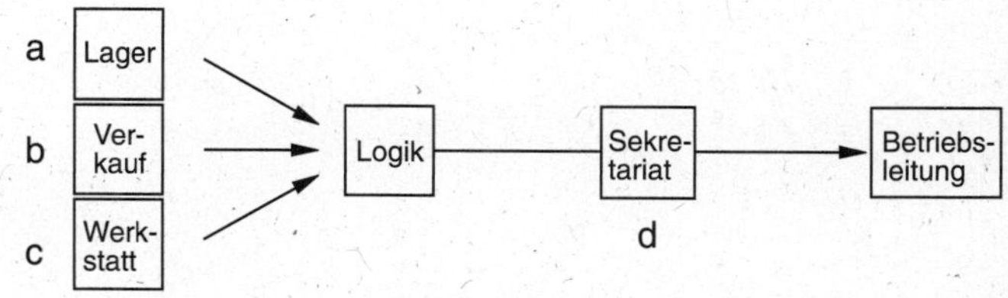

Datum	Name	Klasse	Bewertung	**2.8.12**
Maßstab	Sprechanlage			Blatt

Zeichnen Sie das Werkstück (2 mm dick) einschließlich Bemaßung.

Entnehmen Sie dazu die Maße dem Karoraster.

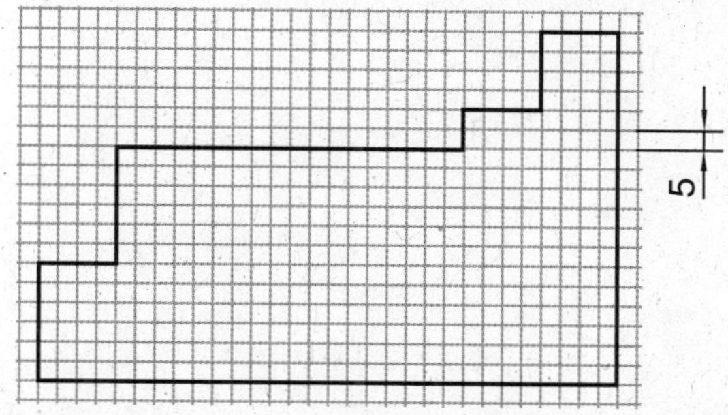

Datum	Name	Klasse	Bewertung	3.3.1
Maßstab 1:1	Passteil			Blatt

Zeichnen Sie das Werkstück (2 mm dick) einschließlich Bemaßung.
Entnehmen Sie dazu die Maße dem Karoraster.

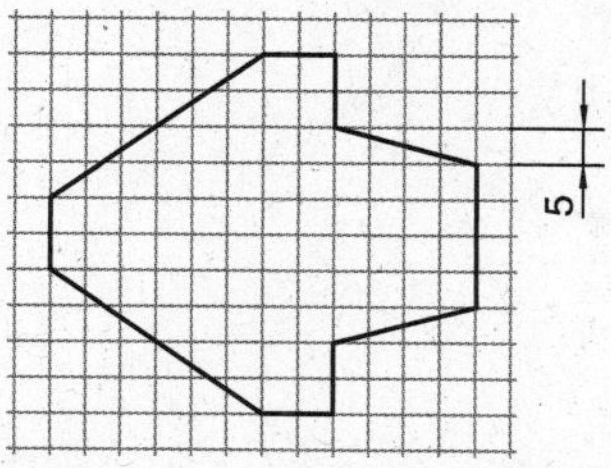

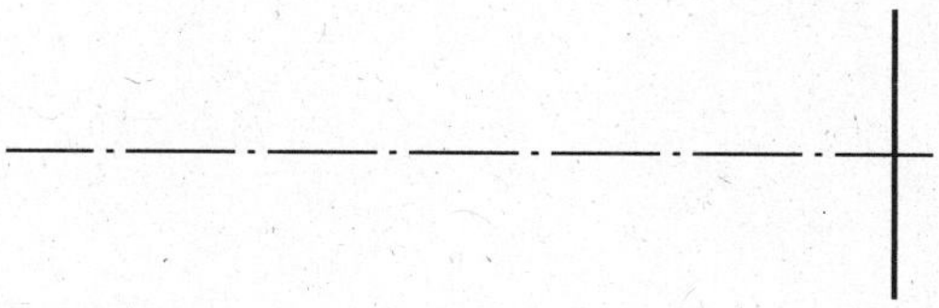

Zeichnen Sie das Werkstück (3 mm dick) einschließlich Bemaßung.
Entnehmen Sie dazu die Maße dem Karoraster.

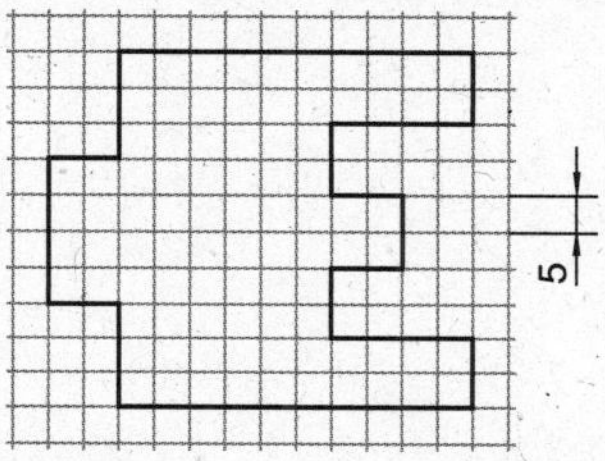

Datum	Name	Klasse	Bewertung	**3.3.4** **3.3.5**
Maßstab 1:1	Stahllasche und Deckel			Blatt

Zeichnen Sie das Werkstück in zwei Ansichten einschließlich Bemaßung.

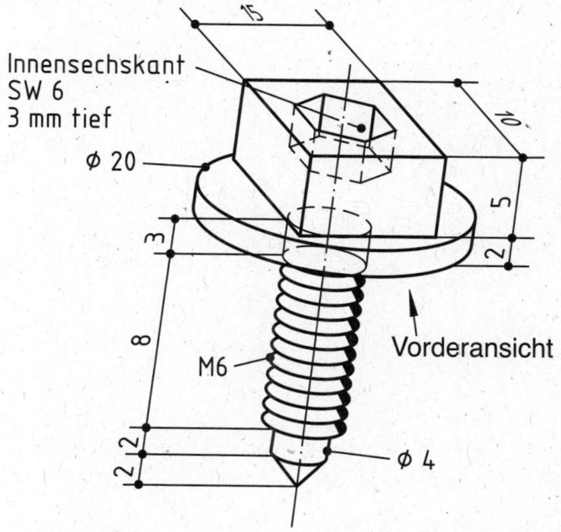

Datum	Name	Klasse	Bewertung	**3.6.4**
Maßstab 2:1	Spezialschraube			Blatt